多弧离子镀
沉积过程的计算机模拟

赵时璐 著

北 京
冶金工业出版社
2014

内 容 简 介

本书系统介绍了多弧离子镀沉积过程的计算机模拟。全书共分 13 章，主要内容包括：绪论；真空镀膜技术的介绍；多弧离子镀沉积过程模拟的理论基础；多弧离子镀物理过程的分析；计算机模拟技术；数学模型的建立；程序的编制；模拟的结果；模拟结果的讨论与验证；6 个模块的主要程序代码等。

本书可供从事材料表面改性，特别是从事真空镀膜技术研究开发及实际生产应用的科技工作者阅读，也可供材料表面工程专业的本科生和研究生参考。

图书在版编目(CIP)数据

多弧离子镀沉积过程的计算机模拟/赵时璐著. —北京：冶金工业出版社，2013.4(2014.1 重印)

ISBN 978-7-5024-6227-7

Ⅰ.①多… Ⅱ.①赵… Ⅲ.①计算机模拟—应用—离子镀—研究 Ⅳ.①TG174.4 – 39

中国版本图书馆 CIP 数据核字(2013)第 068089 号

出 版 人　谭学余
地　　址　北京北河沿大街嵩祝院北巷 39 号，邮编 100009
电　　话　(010)64027926　电子信箱 yjcbs@ cnmip. com. cn
责任编辑　杨盈园　美术编辑　李　新　版式设计　孙跃红
责任校对　李　娜　责任印制　张祺鑫
ISBN 978-7-5024-6227-7
冶金工业出版社出版发行；各地新华书店经销；三河市双峰印刷装订有限公司印刷
2013 年 4 月第 1 版，2014 年 1 月第 2 次印刷
850mm×1168mm　1/32；7.625 印张；203 千字；232 页
26.00 元

冶金工业出版社投稿电话：**(010)64027932**　投稿信箱：**tougao@cnmip. com. cn**
冶金工业出版社发行部　电话：**(010)64044283**　传真：**(010)64027893**
冶金书店　地址：北京东四西大街 46 号(100010)　电话：**(010)65289081(兼传真)**
(本书如有印装质量问题，本社发行部负责退换)

前　言

　　多弧离子镀技术在现代科技领域中有着非常广泛的应用，人们对薄膜的沉积过程通过理论和实验也进行了深入的研究。随着计算机技术的迅速发展，以及对镀膜物理过程的分析理解，利用计算机对多弧离子镀的沉积过程进行模拟，是进行薄膜材料研究的有效方法。然而，目前这方面研究的文章和专著尚不多见。

　　本书概述了利用计算机来直观模拟多弧离子镀的镀膜过程。首先建立一套镀膜过程的物理模型，包括源粒子蒸发过程模型、偏压电场分布模型、粒子运动过程模型、粒子吸附过程模型，使其与真空镀膜室内的实际镀膜过程保持一致。然后建立数学模型，把多弧离子镀设备的真空镀膜室看做一个圆柱形的设备，基片看做中间的杆。筒壁和上下底为正极，杆为负极。在正负极间外加电压（称为"负偏压"），把电压转化为电场中场强对电荷的作用，电场力就可以看作是正负电荷对电场中电荷的力的作用。靶材蒸发而形成的等离子体在电场的作用下被加速。先进行电场强度的计算，利用库仑定律并运用积分法分别计算杆、上下底及筒壁对真空镀膜室内电场的贡献；并通过电荷 Q 来计算的电场强度在显示时转化为用偏压 U 来表述的电场强度；然后进行带电粒子在电场中的受力分析及位移和速度的计算；最后模拟带电粒子在电场中运动的轨迹。这样在假设的基础上完成了模型的建立，经过反复的检验证明是准确无误的。最后在数学模型的基础上采用ＶＣ＋＋语言，编制程序对镀膜过程进行了计算机模拟。

本书在近似计算的基础上，通过对圆柱形真空镀膜室——偏压电场的模拟，用曲线图表明了电场强度 E 和两坐标轴 ρ 与 z 的关系，设计了对称的粒子接收屏（与实际镀膜实验中的基片相当），讨论了在不同的偏压电场下粒子的运动特性，得出了多弧离子镀的涂层成分及其均匀性的影响因素，并研究出合金靶材中不同带电粒子的相对接收比例，揭示了成分离析效应的影响因素，从而可以进行阴极靶材的合金成分设计及涂层的合金成分控制，模拟结果与实际的镀膜实验相符。

本书的出版得到了沈阳大学硕士生导师张钧教授的支持和鼓励，并在百忙之中审阅了书稿，提出了宝贵的意见，在此表示最衷心的感谢。

本书的完成得益于沈阳大学先进材料制备技术辽宁省重点实验室，以及沈阳大学表面改性技术与材料研究所的老师和研究生的大力支持，参考了国内外相关文献，在此向文献的作者致以深切的谢意。

由于作者水平有限，本书若有不妥之处，敬请广大读者批评指正。

作 者
2013 年 1 月

目　录

1 绪　　论

1.1　引言

目前多弧离子镀薄膜已成为薄膜制备的主导技术之一，发展迅速，应用领域广泛，各种镀膜设备层出不穷，针对多弧离子镀的计算机模拟研究主要集中在薄膜生长过程的研究。相比之下，关于镀膜过程的研究和了解显得相对薄弱。为进一步改进镀膜技术、开发镀膜设备、设计合金靶材的成分、提高镀膜产品质量等，有必要深入开展关于多弧离子镀薄膜的定量半定量分析，以便进一步掌握多弧离子镀的物理过程，为多弧离子镀的研究提供更为准确的科学指导。

多弧离子镀薄膜的过程是极其复杂的高真空、动态、瞬时过程，难以直接观察。必须控制这个过程使材料的成分、组织、性能最后处于最佳状态，使缺陷减到最小或将它驱赶到危害最小的地方去。但这一切都不能直接观察到，间接测试也十分困难。所以随着计算机的应用和不断发展，计算机模拟成为实验和理论的有力补充。可以利用计算机来直观模拟多弧离子镀薄膜的过程，进而详尽地考查各个有关的影响参数对涂层成分的影响关系和效果，从而指导靶材成分的设计，提高镀膜的质量。

1.2　研究意义

（1）本书是借助合理的物理抽象，在一定的数学近似的基础上实现有关镀膜过程的模拟，进而研究出主要的工艺参数对涂层成分的影响关系和效果，这样对沉积过程有更深入的了解，进一步把握镀膜工艺的质量，以便更好地控制涂层的质量，使设计更完善。

（2）其次通过计算机模拟进行设计，也是对物理沉积技术的一个概括和总结。这不仅对于迅速扩大的薄膜制备队伍非常必要，而且对于探索新的镀膜方法、改进已有技术也有深远意义。

1.3 研究内容及方法

1.3.1 建立物理及数学模型

1.3.1.1 物理模型

本模型是对多弧离子镀过程的一种真实模拟，是对镀膜过程中的重要参数的一种控制模拟。它把镀膜过程中的一些影响因素进行过滤，用适当的表现规则描绘出简洁的沉积过程模型。

镀膜过程包括 3 个部分：源粒子的蒸发过程，粒子在真空室内的运动过程，粒子的吸附过程。首先建立一套基本的镀膜过程模型，包括源粒子蒸发过程模型、偏压电场分布模型、粒子运动过程模型、粒子吸附过程模型，使其与真空镀膜室内的实际镀膜过程取得一致。

1.3.1.2 数学模型

在一定假设的基础上，首先，进行电场强度的计算，应用库仑定律并利用积分法分别计算杆、上下底及筒壁对真空镀膜室内电场的贡献。

其次，通过电荷 Q 计算的电场强度转化为用偏压 U 表述的电场强度。

再次，进行带电粒子在电场中的受力分析及位移和速度的计算。

最后，模拟带电粒子在电场中运动的轨迹。

1.3.2 实现模拟

利用 Visual C++ 语言来对粒子蒸发过程、偏压电场分布情况、粒子运动过程及粒子吸附过程进行程序的编制，实现多弧离子镀薄膜过程的模拟。

1.3.3 模拟结果及分析

本书通过对圆柱形镀膜室—偏压电场的模拟，用曲线图表明电场强度 E 和两坐标轴 ρ 与 z 的关系，设计了对称的粒子接收屏（与实际镀膜实验中的基片相当），讨论了在不同的工艺条件下粒子的运动特性，得出了多弧离子镀的涂层成分及其均匀性的影响因素，并研究出合金靶材中不同粒子的相对接收比例，得出了成分离析效应的影响因素，从而可以进行阴极靶材的合金成分设计及涂层的合金成分控制。

1.4 研究技术路线

研究技术路线框架如图 1 – 1 所示。

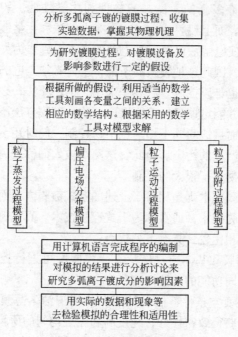

图 1 – 1 技术路线框架

2 真空镀膜技术

2.1 真空镀膜技术概述

　　真空镀膜技术是真空应用领域的一个重要方面，它是以真空技术为基础，利用物理或化学方法，并吸收电子束、分子束、离子束、等离子束、射频和磁控等一系列新技术，为科学研究和实际生产提供薄膜制备的一种新工艺。简单地说，在真空中把金属、合金或化合物进行蒸发或溅射，使其在被涂覆的物体（称基板、基片或基体）上凝固并沉积的方法，称为真空镀膜。

　　众所周知，在某些材料的表面上，只要镀上一层薄膜，就能使材料具有许多新的、良好的物理和化学性能。20 世纪 70 年代，在物体表面上镀膜的方法主要有电镀法和化学镀法。前者是通过通电，使电解液电解，被电解的离子镀到作为另一个电极的基体表面上，因此这种镀膜的条件，基体必须是电的良导体，而且薄膜厚度也难以控制。后者是采用化学还原法，必须把膜材配制成溶液，并能迅速参加还原反应，这种镀膜方法不仅薄膜的结合强度差，而且镀膜既不均匀也不易控制，同时还会产生大量的废液，造成严重的污染。因此，这两种被人们称之为湿式镀膜法的镀膜工艺受到了很大的限制。

　　真空镀膜技术则是相对于上述的湿式镀膜方法而发展起来的一种新型镀膜技术，通常称为干式镀膜技术。真空镀膜技术与湿式镀膜技术相比较，具有下列优点：

　　（1）薄膜和基体选材广泛，薄膜厚度可进行控制，以制备具有各种不同功能的功能性薄膜。

　　（2）在真空条件下制备薄膜，环境清洁，薄膜不易受到污染，因此可获得致密性好、纯度高和涂层均匀的薄膜。

（3）薄膜与基体结合强度好，薄膜牢固。

（4）干式镀膜既不产生废液，也无环境污染。

真空镀膜技术主要有真空蒸发镀、真空溅射镀、真空离子镀、真空束流沉积、化学气相沉积等多种方法。除化学气相沉积法外，其他几种方法均具有以下的共同特点：

（1）各种镀膜技术都需要一个特定的真空环境，以保证制膜材料在加热蒸发或溅射过程中所形成蒸气分子的运动，不致受到大气中大量气体分子的碰撞、阻挡和干扰，并消除大气中杂质的不良影响。

（2）各种镀膜技术都需要有一个蒸发源或靶子，以便把蒸发制膜的材料转化成气体。目前，由于源或靶的不断改进，大大扩大了制膜材料的选用范围，无论是金属、金属合金、金属间化合物、陶瓷或有机物质，都可以蒸镀各种金属膜和介质膜，而且还可以同时蒸镀不同材料而得到多层膜。

（3）蒸发或溅射出来的制膜材料，在与待镀的工件生成薄膜的过程中，对其膜厚可进行比较精确的测量和控制，从而保证膜厚的均匀性。

（4）每种薄膜都可以通过微调阀精确地控制镀膜室中残余气体的成分和质量分数，从而防止蒸镀材料的氧化，把氧的质量分数降低到最小的程度，还可以充入惰性气体等，这对于湿式镀膜而言是无法实现的。

（5）由于镀膜设备的不断改进，镀膜过程可以实现连续化，从而大大地提高产品的产量，而且在生产过程中对环境无污染。

（6）由于在真空条件下制膜，所以薄膜的纯度高、密实性好、表面光亮不需要再加工，这就使得薄膜的力学性能和化学性能比电镀膜和化学膜好。

早在 20 世纪初，美国大发明家爱迪生就提出了唱片蜡膜采用阴极溅射进行表面金属化的工艺方法，并于 1930 年申报了专利，这便是薄膜技术在工业应用的开始。但是，这一技术当时因受到真空技术和其他相关技术发展的限制，其发展速度较慢。直到 20 世纪 40 年代，这一技术在光学工业中才得到了迅速的发展，并且逐渐形成了薄膜光学，成为光学领域的一个重要分支。

真空镀膜技术在电子学等方面开始主要用来制造电阻和电容元件。但是，随着半导体技术在电子学领域中的大量应用，真空镀膜技术就成了晶体管制造和集成电器生产的必要工艺手段。

尽管电子显微镜能揭开微观世界的奥秘，但其标本必须经过真空镀膜处理才能观察。激光技术的心脏——激光器，需要镀上精密控制的光学薄膜才能使用。所以，太阳能的利用也与真空镀膜技术息息相关。

用真空镀膜技术代替传统的电镀工艺，不但能节省大量的膜材并降低能耗，而且还会消除湿法镀膜产生的环境污染。因此，在国外已经大量使用真空镀膜来代替电镀，为钢铁零件涂覆防腐层和保护膜，在冶金工业中也用来为钢板加镀铝防护层。

塑料薄膜采用真空镀膜技术加镀铝等金属膜，再进行染色，可得到用于纺织工业中的金银丝等制品，或用于包装工业中的装饰品。

在建筑工业上，采用建筑玻璃镀膜已经十分盛行。这种薄膜不但可以美化和装饰建筑物，而且可以节约能源，这是因为在玻璃上镀反射膜，可以使低纬地区的房屋避免炎热的阳光直射室内，从而节约了空调费用；玻璃上镀滤光膜和低辐射膜，可使阳光射入，而作为室内热源的红外辐射又不能通过玻璃辐射出去，这在高纬地区也可达到保温节能的目的。

近些年来，随着真空镀膜技术由过去传统的蒸发镀和普通的二级溅射镀，发展为磁控溅射镀、离子镀、分子束外延和离子束溅射等一系列新的镀膜工艺，几乎任何材料都可以通过真空镀膜的方法，涂覆到其他材料的表面上，这就为真空镀膜技术在各种工业领域中的应用，开辟了更加广阔的道路。

2.2 真空镀膜技术分类

真空镀膜技术一般分为两大类，即物理气相沉积（PVD）

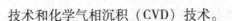

技术和化学气相沉积（CVD）技术。

物理气相沉积技术是指在真空条件下，利用各种物理方法，将镀料气化成原子、分子或使其离化为离子，直接沉积到基体表面上的方法。制备硬质反应膜大多以物理气相沉积方法制得，它利用某种物理过程，如物质的热蒸发，或受到离子轰击时物质表面原子的溅射等现象，实现物质原子从源物质到薄膜的可控转移过程。物理气相沉积技术具有膜/基结合力好、薄膜均匀致密、薄膜厚度可控性好、应用的靶材广泛、溅射范围宽、可沉积厚膜、可制取成分稳定的合金膜和重复性好等优点。同时，物理气相沉积技术由于其工艺处理温度可控制在500℃以下，因此可作为最终的处理工艺用于高速钢和硬质合金类的薄膜刀具上。由于采用物理气相沉积工艺可大幅度提高刀具的切削性能，人们在竞相开发高性能、高可靠性设备的同时，也对其应用领域的扩展，尤其是在高速钢、硬质合金和陶瓷类刀具中的应用进行了更加深入的研究。

化学气相沉积技术是把含有构成薄膜元素的单质气体或化合物供给基体，借助气相作用或基体表面上的化学反应，在基体上制出金属或化合物薄膜的方法，主要包括常压化学气相沉积、低压化学气相沉积和兼有 CVD 和 PVD 两者特点的等离子化学气相沉积等。

2.2.1 真空蒸发镀技术

真空蒸发镀技术是利用物质在高温下的蒸发现象，以制备各种薄膜材料。其镀膜装置，主要包括真空室、真空系统、蒸发系统和真空测控设备，其核心部位是蒸发系统，尤其是加热源。

根据热源的不同，真空蒸发镀可简单分为以下几种方法：

（1）电阻加热法。让大电流通过蒸发源，加热待镀材料使其蒸发。对蒸发源材料的基本要求是：高熔点、低蒸气压、在蒸发温度下不与膜材发生化学反应或互溶、具有一定的机械强度且高温冷却后脆性小等性质。常用的蒸发源材料是钨、钼和钽等高熔点金属材料。按照蒸发源材料的不同，可以制成丝状、带状和板状等。

（2）电子束加热法。用高能电子束直接轰击蒸发物质的表面使其蒸发。由于直接对蒸发物质中加热，避免了蒸发物质与容器的反应和蒸发源材料的蒸发，故可以制备高纯度的薄膜。这种加热方法一般用于电子元件和半导体用的铝和铝合金。另外，用电子束加热还可以使高熔点金属（如 W，Mo，Ta 等）熔化和蒸发。

（3）高频感应加热法。在高频感应线圈中放入氧化铝和石墨坩埚，将蒸镀的材料置于坩埚中，通过高频交流电使材料感应加热而蒸发。这种方法主要用于铝的大量蒸发，得到的薄膜纯净而且不受带电粒子的损害。

（4）激光蒸镀法。采用激光照射在膜材的表面，使其加热蒸发。由于不同材料吸收激光的波段范围不同，因而需要选用相应的激光器。例如，用 CO_2 连续激光加热 SiO、ZnS、MgF_2、TiO_2、Al_2O_3 和 Si_3N_4 等膜材；用红宝石脉冲激光加热 Ge、$GaAs$ 等膜材。由于激光功率很高，所以可蒸发任何能吸收激光光能的高熔点材料，蒸发速率极高，制得的薄膜成分几乎与膜材成分一样。

2.2.2 真空溅射镀技术

溅射镀技术是利用带电荷的离子在电场中加速后具有一定动能的特点，将离子引向将被溅射的物质做成的靶电极上，在离子能量合适的情况下，入射离子在靶表面原子的碰撞过程中，将靶材物质溅射出来。这些被溅射出来的原子带有一定的动能，并且会沿着一定方向射向基体，从而实现薄膜的沉积。具体原理是，以镀膜材料为阴极，以工件（基板）为阳极，在真空条件下，利用辉光放电，使通入的氩气电离。氩离子轰击靶材，产生阴极溅射效应，靶材原子脱离靶表面后飞溅到基板上形成薄膜。为了提高氩气碰撞和电离的几率，从而提高溅射的速率，多种强化放

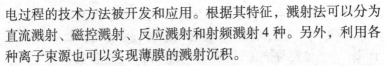

电过程的技术方法被开发和应用。根据其特征,溅射法可以分为直流溅射、磁控溅射、反应溅射和射频溅射 4 种。另外,利用各种离子束源也可以实现薄膜的溅射沉积。

利用溅射法不仅可以获得纯金属膜,也可以获得多组元膜。获得多组元膜的方法主要有以下 3 种:

(1) 采用合金或化合物靶材。采用合金或复合氧化物制成的靶材,在稳定放电状态下,可使各种组分都发生溅射,得到与靶材的组成相差较小的薄膜。

(2) 采用复合靶材。采用两个以上的单金属复合而成,可以有多种形状。

(3) 采用多靶材。采用两个以上的靶材并使基板进行旋转,每一层约一个原子厚,经过交互沉积而得到的化合物膜。

真空溅射技术可以用来制备耐磨、减磨、耐热和抗蚀等表面强化薄膜、固体润滑薄膜以及电、磁、声和光等功能薄膜等。例如,采用 Cr 和 Cr – CrN 等合金靶材或镶嵌靶材,在 N_2 和 CH_4 等气氛中进行反应溅射镀膜;可以在各种工件上镀 Cr、CrC 和 CrN 等镀层;用 TiN 和 TiC 等超硬镀层涂覆刀具和模具等表面,摩擦系数小,化学稳定性好,具有优良的耐热、耐磨、抗氧化和耐冲击等性能,既可以提高刀具和模具的工作特性,又可以提高其使用寿命,一般可使刀具寿命提高 3 ~ 10 倍;另外,TiN,TiC 和 Al_2O_3 等薄膜化学性能稳定,在许多介质中具有良好的耐蚀性,可以作为保护膜。在高温、低温、超高真空和射线辐照等特殊条件下工作的机械部件,不能用润滑油,只有用软金属或层状物质等固体润滑剂,而采用溅射法制取 MoS_2 膜及聚四氟乙烯膜却十分有效。虽然 MoS_2 膜可用化学反应镀膜法制备,但是溅射镀膜法得到的 MoS_2 膜致密性更好,结合性能更优良。溅射法制备的聚四氟乙烯膜的润滑特性不受环境温度的影响,可长期在大气环境中使用,是一种很有发展前途的固体润滑剂,其使用温度上限为 50℃,低于 – 260℃ 时,才失去润滑性。

与真空蒸镀法相比,阴极溅射有如下特点:

（1）结合力高。由于沉积到基体上的原子能量，比真空蒸发镀膜高 1~2 个数量级，而且在成膜过程中，基体暴露在等离子区中，基体经常被清洗和激活，因此薄膜与基体的结合力强。

（2）膜厚可控性和重复性好。由于放电电流及弧电流可以分别控制，因此膜厚的可控性和重复性较好，并且可以在较大的表面上获得厚度均匀的薄膜。

（3）可以制造特殊材料的薄膜。几乎所有的固体材料都能用溅射法制成薄膜，靶材可以是金属、半导体、电介质及多元素的化合物或混合物，而且不受熔点的限制，可以溅射高熔点金属成膜。另外，溅射制膜还可以用不同的材质同时溅射制造混合体膜。

（4）易于制备反应膜。如果溅射时通入反应气体，使真空室内的气体与靶材发生化学反应，这样可以得到与靶材完全不同的物质膜。例如，利用硅作为阴极靶，氧气和氩气一起通入真空室内，通过溅射就可以得到 SiO_2 绝缘膜；利用钛作阴极靶，将氮气和氩气一起通入真空室，通过溅射就可以获得 TiN 硬质膜或仿金膜。

（5）容易控制膜的组成。由于溅射时氧化物等绝缘材料与合金几乎不分解和不分馏，所以可以制造氧化物绝缘膜和组分均匀的合金膜。

2.2.3 真空离子镀技术

真空离子镀膜技术是近十几年来，结合了蒸发和溅射两种薄膜沉积技术而发展起来的一种物理气相沉积方法。最早由美国 SANDIN 公司的 MO - TTOX 创立，并于 1967 年在美国获得了专利权。该技术是在真空条件下，利用气体放电使气体或被蒸发物质部分离化，在气体离子或被蒸发物质离子轰击作用的同时，把蒸发物质或其反应物沉积在基体上。离子镀技术把气体的辉光放电技术、等离子体技术和真空蒸发镀膜技术结合在了一起，这不仅明显提高了薄膜的各种性能，而且大大扩充了镀膜技术的应用范围。这种镀膜技术由于在薄膜的沉积过程中，基体始终受到高能离子的轰击而十分清洁，因此它与蒸发镀膜和溅射镀膜相比较，具有一系列的优点，所以这一技术出现后，立刻受到了人们极大的重视。

虽然，这一技术在我国是于 20 世纪 70 年代后期才开始起步，但是其发展速度很快，目前已进入了实用化阶段。随着科学技术的进一步发展，离子镀膜技术将在我国许多工业部门中得到更加广泛的应用，其前景十分可观。

离子镀膜技术的沉积原理可以简单描述为：当真空室的真空度为 10^{-4}Pa（10^{-6}托）左右以后，通过充气系统向室内通入氩气，使其室内的压强达到 $1 \sim 10^{-1}$Pa。这时，当基体相对蒸发源加上负高压之后，基体与蒸发源之间形成一个等离子区。由于处于负高压的基体被等离子所包围，不断地受到等离子体中的离子冲击，因此它可以有效地消除基体表面吸收的气体和污物，使成膜过程中的薄膜表面始终保持着清洁状态。与此同时，膜材蒸气粒子由于受到等离子体中正离子和电子的碰撞，其中一部分被电离成正离子，正离子在负高压电场的作用下，被吸引到基体上成膜。

同真空蒸镀技术一样，膜材的气化有电阻加热、电子束加热和高频感应加热等多种方式。以汽化后的粒子被离化的方式而言，既有施加电场产生辉光放电的气体电离型，又有射频激励的离化型；以等离子体是否能直接利用而言，即有等离子体法和离子束法等；如果将这些方式组合起来，就有电阻源离子镀膜、电子束离子镀膜和射频激励离子镀膜等诸多方法。

真空离子镀技术除了兼有真空蒸镀和真空溅射的优点外，还具有如下几个突出的优点：

（1）附着力好。薄膜不易脱落，这是因为离子轰击会对基体产生溅射作用，使基体不断地受到清洗，从而提高了基体的附着力。同时，由于溅射作用使基体表面被刻蚀，从而使表面的粗糙度有所增加。离子镀层附着力好的另一个原因是轰击的离子携带的动能变为热能，从而对基体表面产生了一个自加热效应，这就提高了基体表面层组织的结晶性能，进而促进了化学反应和扩散作用。

（2）绕射性能良好。由于蒸镀材料在等离子区内被离化成正离子，这些正离子随着电力线的方向而终止在具有负偏压基体的所有部位上。此外，由于蒸镀材料在压强较高的情况下（不低于1.33322Pa（10^{-2}托）），其蒸气的离子或分子在到达基体以前的路径上，将受到本底气体分子的多次碰撞，因此可以使蒸镀材料散射在基体的周围。基于上述两点，离子镀膜可以把基体的所有表面，即正面、反面、侧面甚至基体的内部，均可镀上一层薄膜，这一点是蒸发镀膜无法做到的。

（3）镀层质量高。由于所沉积的薄膜不断地受到阳离子的轰击，从而引起了冷凝物发生溅射，致使薄膜组织致密。

（4）工艺操作简单，成膜速度快，可镀制原膜。

（5）可镀材质广泛。可以在金属或非金属表面上镀制金属或非金属材料，如塑料、石英、陶瓷和橡胶等材料，以及各种金属合金和某些合成材料、热敏材料和高熔点材料等都能镀覆。

（6）沉积效率高。一般说来，离子镀沉积几十纳米至微米量级厚度的薄膜，其速度较其他方法要快。

离子镀是具有很大发展潜力的沉积技术，是真空镀膜技术的重要分支。而且，这一技术出现后，立即受到了人们极大的重视，并在国内外得到了迅速的发展。但是，它仍有不足之处。例如，目前用离子镀对工件进行局部镀覆还有一定难度；对膜厚还不能直接控制；设备费用也较高，操作也较复杂等。

2.2.4 束流沉积技术

束流沉积技术主要包括离子束沉积技术和分子束外延技术，现分述如下。

2.2.4.1 离子束沉积技术

离子束沉积技术可分为两种：一种是从等离子体中引出离子

束轰击沉积靶面材料,然后将溅射出来的粒子沉积在基体上,称之为离子束溅射沉积;另一种是直接把沉积原子电离,然后把离子直接引向基体上沉积成膜,离子能量通常只有 $10 \sim 100eV$,其溅射和辐射损伤效应均可忽略不计,这种称为原离子束沉积。

虽然第一种方法可以归入溅射沉积的类型,但这两种方法的特点是沉积过程可以在高真空和超高真空中实现,因此基体和薄膜的杂质和污点明显降低;同时由于没有高能电子的轰击,在不附加冷却系统的情况下,基体就可以保持低温,这正是 LST 和 VLSI 所需要的低温工艺,通过控制得到高质量的薄膜,是原离子束无掩膜的直接沉积,并可以实现多元素的同时沉积,且重复性颇佳。所以,在大规模集成电路中,离子束沉积技术是重点开发技术之一。它的主要特点是沉积速率和自溅射效应低,特别在大面积和均匀性二者之间难以兼得,其关键就在于研制大面积、分布均匀和高密度的离子来源。离子束沉积物理学即离子束沉积本质包括:沉积材料在沉积室(镀膜室)不是在高真空下被蒸发,但压强是在 MH9 范围之内 $266.644kPa(2 \times 10^3 托)$;在蒸发的同时,加于基体上的负电压能够提供结合力极好且不疏松的沉积膜。

离子束沉积的一个突出优点是在基体所有面上都能得到结合力好的沉积膜,而通常的蒸发镀要在很高的真空环境下才可制取到满足要求的沉积薄膜。其涉及的因素是一些蒸发材料在等离子区被离化,这些等离子在电场作用下而终止在偏压基体所有的面上,即沉积在基体的正面、反面甚至基体的内部。然而,理论和实践都表明,在等离子区中离化率的程度很低。如果在离子沉积中也用等离子体,则沉积材料的主要部分与其说是离子,不如说是中性的粒子。

在离子束沉积过程中,对沉积速率影响最大的是气体散射。这就必须讨论在沉积过程中,周围气体压强对离子束沉积膜的影响因素。通常至少有三点:首先,是高能蒸气原子对周围气体分子的碰撞,其减少了沉积原子的平均能量,这将降低膜的质量;

其次，在基体上存在的污染气体将限制膜的结合力及沉积原子移向基体周围的能力；再次，甚至是更严重的，是沉积气体原子的碰撞影响了沉积材料的凝聚，这些到达基体的沉积原子在凝聚时便引起非黏附的颗粒膜，它们的形成多数是无用的。

2.2.4.2 分子束外延技术

分子束外延技术是 20 世纪 70 年代国际上迅速发展的一项新技术，它是在真空蒸发工艺基础上发展起来的一种外延生长单晶薄膜的新方法。1969 年，美国的贝尔实验室和 IBM 对分子束外延技术进行了研究。此外，英国和日本随后也对其进行了研究，我国则始于 1975 年。目前，分子束外延设备及工艺已日趋完善，已由初期较简单的实验设备发展到今天具有多种功能的系列商品。而我国自从第一台分子束外延设备研制成功后，随后又研制成功了具有独立束源快速换片型分子束外延设备，它是研究固体表面的重要手段，也是发展新材料和新器件的有力工具。与真空蒸发镀膜技术类似，分子束外延技术是在超高真空条件下，构成晶体的各个组分和掺杂原子以一定速度的热运动，按照一定比例喷射到热衬底上进行晶体外延生长单晶膜的方法。

该方法与其他液相和气相外延生长方法相比较，具有如下特点：

（1）生长温度低，可以做成突变结，也可以做成缓变结。

（2）生长速度慢，可以任意选择，可以生长超薄且平整的涂层。

（3）在生长过程中，可以同时精确地控制生长层的厚度、组分和杂质的分布，结合适当的技术，可以生长二维和三维图形结构。

（4）在同一系统中，可以原位观察单晶薄膜的生长过程，进行结晶和生长的机制的分析研究，也避免了大气污染的影响。

综上所述，由于这些特点，使得这一新技术得到迅速发展。它的研究领域广泛，涉及半导体材料、器件、表面和界面等方面，并取得显著的进展。而分子束外延设备综合性强、难度大，涉及超高真空、电子光学、能谱、微弱信号检测及精密机械加工等现代技术。分子束外延技术实质上是超高真空技术、精密机械以及材料分析和检测技术的有机结合体，其中的超高真空技术是它的核心部分。因此，无论是国产或是进口设备，在这方面都十分考究。

2.2.5　化学气相沉积技术

前面叙述的镀膜技术属于物理气相沉积，即 PVD 技术。以下讨论使用加热等离子体和紫外线等各种能源，使气态物质经过化学反应生成固态物质，并沉积在基体上的方法，这种方法称为化学气相沉积技术，简称 CVD 技术。

2.2.5.1　化学气相沉积技术原理

CVD 技术原理是建立在化学反应基础上，利用气态物质在固体表面上进行化学反应，生成固态沉积物的过程。从广义上分类，有五种不同类型的 CVD 反应，即固相扩散型、热分解型、氢还原型、反应沉积型和置换反应型。其中，固相扩散型是使含有碳、氮、硼和氧等元素的气体和炽热的基体表面相接，使表面直接碳化、氮化、硼化和氧化，从而达到对金属表面保护和强化的目的。这种方法利用了高温下固相—气相的反应，由于非金属原子在固相中的扩散困难，薄膜的生长速度较慢，所以要求较高的反应温度，其适用于制造半导体膜和超硬膜。其反应法有热分解法和反应沉积法，但热分解法受到原料气体的限制，同时价格较高，所以一般使用反应沉积法进行制备。

将样品置于密闭的反应器中，外面的加热炉保持所需要的反应温度（700 ~ 1100℃）。TID 由 H_2 载带，途中和 CH_4 或 N_2 等混合，再一起涌入反应器中。反应中产生的残余气体在废气处理装置中一并排放，反应在常压或 6666.1 ~ 133322Pa（50 ~ 100托）的低真空下进行，通过控制反应器的大小、反应温度、压力和气体的组分等，得到最佳的工艺条件。

2.2.5.2 化学气相沉积技术的优点

化学气相沉积技术的优点如下：

（1）既可制造金属膜，又可按要求制造多成分的合金膜。通过对多种气体原料的流量进行调节，能够在相当大的范围内控制产物的组分，并能制取混晶等复杂组成和结构的晶体，同时能制取用其他方法难以得到的优质晶体。

（2）速度快。沉积速度能达到每分钟几微米甚至几百微米，同一炉中可放入大批量的工件，并能同时制出均一的薄膜，这是其他的薄膜生长法，如液相外延和分子束外延等方法远不能比拟的。

（3）在常压或低真空下，镀膜的绕射性好。开口复杂的工件、件中的深孔和细孔均能得到均匀的薄膜，在这方面 CVD 要比 PVD 优越得多。

（4）由于工艺温度高，能得到纯度高、致密性好、残余应力小和结晶良好的薄膜；又由于反应气体、反应产物和基体间的相互扩散，可以得到结合强度好的薄膜，这对于制备耐磨和抗蚀等表面强化膜是至关重要的。

（5）CVD 可以获得表面平滑的薄膜。这是由于 CVD 与 LPE 相比，前者是在高饱和度下进行的，成核率高，成核密度大，在整个平面上分布均匀，从而产生宏观平滑的表面。同时在 CVD 中，与沉积相关的分子或原子的平均自由程比 LPE 和熔盐法大得多，从而使分子的空间分布更均匀，这更有利于形成平滑的沉积表面。

（6）辐射损伤低。这是制造 MOS（金属氧化物半导体）等半导体器件不可缺少的条件。

化学气相沉积的主要缺点是：反应温度太高，一般在1000℃左右，许多基体材料大都经受不住 CVD 的高温，因此其用途大大受到限制。

通过对上述各种沉积方法的综合比较，不难看出真空离子镀的综合指标比较优良，具体见表2-1。

表2-1 典型镀膜方法的比较

镀膜方法	电 镀	真空蒸发	溅射镀膜	离子镀	化学气相沉积
可镀材料	金属	金属、化合物	金属、合金、化合物、陶瓷、聚合物	金属、合金、化合物	金属、化合物
镀覆机理	电化学	真空蒸发	辉光放电、溅射	辉光放电	气相化学反应
薄膜结合力	一般	差	好	很好	很好
薄膜质量	可能有气孔，较脆	可能不均匀	致密、针孔少	致密、针孔少	致密、针孔少
薄膜纯度	含浴盐和气体杂质	取决于原料纯度	取决于靶材纯度	取决于原料纯度	含杂质
薄膜均匀性	平面上较均匀边棱上不均匀	有差异	较好	好	好
沉积速率	中等	较快	较快（磁控溅射）	快	较快
镀覆复杂表面	能镀，可能不均匀	只能镀直射的表面	能镀全部表面，但非直射面结合差	能镀全部表面	能镀全部表面
环境保护	废液、废气需处理	无	无	无	废气需处理

2.3 多弧离子镀技术概述

2.3.1 离子镀技术发展

自从美国人 Mattox D. M. 在 1963 年首次提出并率先应用离子镀技术以来，该技术一直受到了研究人员的重视和用户的关注，发展相当迅速。1971 年，研制出了成型枪电子束蒸发镀；1972 年，美国人 Bunshah R. F. 和 Ranghuram A. C. 发明了活性反应蒸镀（ARE）技术，并成功地沉积了以 TiN 和 TiC 为代表的硬质膜，使离子镀技术进入了一个新的阶段；随后，将空心热阴极技术用于薄膜材料的沉积合成上，进一步将其发展完善成空心阴极放电离子镀，它是当时离化效率最高的镀膜形式；1973 年，出现了射频激励法离子镀；进入 20 世纪 80 年代，国内外又相继开发出电弧放电型高真空离子镀、电弧离子镀和多弧离子镀等。至此，各种蒸发源及各种离化方式的离子镀技术相继问世。近年来，国内按照不同的使用要求制造出了各种离子镀设备，并已达到了工业生产的水平，其中多弧离子镀技术在 80 年代中期就广泛应用于工业生产中，近些年来又获得了快速的发展。

2.3.2 多弧离子镀技术特点

多弧离子镀技术是采用冷阴极电弧蒸发源的一种较新的物理气相沉积技术，它是把真空弧光放电用于蒸发源的镀膜技术，也称真空弧光蒸发镀。其特点是采用电弧放电方法直接蒸发靶材，阴极靶即为蒸发源，这种装置不需要熔池。多弧离子镀是以等离子体加速器为基础发展起来的等离子体工艺过程。多弧离子镀以其离化率高、沉积速率快和膜/基结合强度好等诸多优点，占有了薄膜市场的很大份额，是工业领域沉积硬质膜的最优方法。另外，磁过滤阴极真空电弧技术由于运用等离子体电磁场过滤，可有效减少或消除大颗粒，但它同时会导致沉积速率的大幅度下降，因此不能适应实际生产的高效率要求。具体设备示意图如图2－1所示。

多弧离子镀将被蒸发的膜材做成阴极靶，安装在镀膜室的四周和顶部，镀膜室和阴极靶分别接主弧电源正、负极，基体接负偏压。抽真空至 10^{-2} Pa 向镀膜室内通氩气或反应气氮气。调整室内真空度达到 $10 \sim 10^{-1}$ Pa 时即可引弧。引弧是通过引弧电极与阴极靶的接触与分离来引发弧光放电。放电时在阴极表面产生

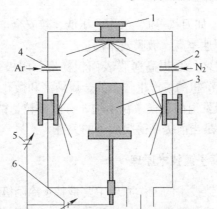

图 2 - 1 多弧离子镀设备示意图

1—阴极蒸发器；2—反应气的进气系统；3—基片；
4—保护气的进气系统；5—主弧电源；6—基片负偏压

强烈发光的阴极辉点，这种电流局部集中产生的热使该区域内的材料爆发性地蒸发并电离，发射电子和离子，同时也放出熔融阴极材料的粒子。阴极辉点以每秒钟几十米的速度做无规则运动，使整个靶面不断地被消耗。

多弧离子镀技术具有以下主要特点：

（1）金属阴极蒸发器不熔化，可以任意安放使薄膜的均匀性提高，基板转动机构得以简化，且它也可采用多个蒸发源装置。

（2）外加磁场可以改善电弧放电，使电弧细碎，转动速度加快，细化薄膜微粒，对带电粒子产生加速作用等。

（3）金属离化率高，可达到 60% ~ 90%，这有利于薄膜的均匀性和膜/基结合力的提高，是实现"离子镀膜"和"反应镀膜"的最佳工艺。

（4）一弧多用，既是蒸发源、加热源，又是预轰击净化源和离化源。

（5）设备结构简单且可以拼装，适于镀各种形状的零件

（包括细长杆，如刀具等），工作电压低，较安全。

（6）沉积速率高，镀膜效率高。

（7）不足之处是提高薄膜表面粗糙度。阴极弧蒸发过程非常剧烈，会使沉积的膜产生较多的金属液滴和微孔等缺陷。

（8）阴极发射的蒸气微粒不均，有的微粒达微米级。所以，细化蒸气微粒是当前提高薄膜质量的关键。

2.3.3 多弧离子镀技术原理

多弧离子镀技术的工作原理主要是基于冷阴极真空弧光放电的理论。按照这种理论，电量的迁移主要借助于场电子发射和正离子电流，这两种机制同时存在而且互相制约。在放电的过程中，阴极材料大量地蒸发，这些蒸气原子所产生的正离子在阴极表面附近很短的距离内产生极强的电场，在这样强电场的作用下，电子足以能够直接逸出到真空，产生所谓的"场电子发射"。在切断引弧电路之后，这种场电子发射型弧光放电仍能自动维持。按照 Fowler Norcheim 方程，可以简化为：

$$J_e = BE^2 \exp(-C/E) \qquad\qquad (2-1)$$

式中 J_e——电流密度，A/cm^2；

$\quad\quad E$——阴极电场强度，V/cm；

B，C——与阴极材料有关的常数。

多弧离子镀使用的是从阴极弧光辉点放出的阴极物质的离子。阴极弧光辉点是存在于极小空间的高电流密度、高速变化的现象，其机理如图 2-2 所示。

（1）被吸引到阴极表面的金属离子形成空间电荷层，由此产生强电场，使阴极表面上功函数小的点（晶界或微裂纹）开始发射电子，如图 2-2（a）所示。

（2）个别发射电子密度高的点，电流密度高。焦耳热使其温度上升又产生了热电子，进一步增加了发射电子，这种正反馈作用使电流局部集中，如图 2-2（b）所示。

（3）由于电流局部集中产生的焦耳热使阴极材料局部地、

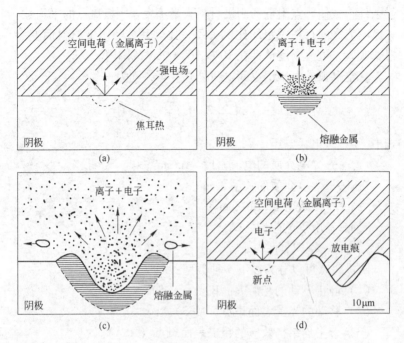

图 2 - 2 真空弧光放电的阴极辉点示意图

爆发性地等离子化而发射电子和离子，然后留下放电痕，这时也放出熔融的阴极材料粒子，如图 2 - 2（c）所示。

（4）发射的离子中的一部分被吸引回阴极材料表面，形成了空间电荷层，产生了强电场，又使新的功函数小的点开始发射电子，如图 2 - 2（d）所示。

这个过程反复地进行，弧光辉点在阴极表面上激烈地、无规则地运动。弧光辉点通过后，在阴极表面上留下了分散的放电痕。

阴极辉点极小，有关资料测定为 $1 \sim 100\mu m$。所以，其具有很高的电流密度，其值为 $10^5 \sim 10^7 A/cm^2$。这些辉点犹如很小的发射点，每个点的延续时间很短，约为几微秒至几千微秒，在此时间结束后，电流就分布到阴极表面的其他点上，建立足够的发射条件，致使辉点附近的阴极材料大量蒸发。阴极斑点的平均数和弧电流之间存在一定的比例关系，比例系数随阴极材料而变。根据实验，电流密度估计在 $10^5 \sim 10^8 \, A/cm^2$ 范围内。

真空电弧的电压用空间电荷公式计算，则为：

$$u = \left(\frac{9J_e x^2}{4\varepsilon_0} \sqrt{\frac{m}{2e}} \right)^{\frac{2}{3}} \qquad (2-2)$$

式中　u——电弧电压，V；

J_e——导电介质的电流密度，A/cm^2；

x——导电介质的长度，cm；

ε_0——能量密度，mJ/cm^3；

e——电子电荷量，C；

m——离子质量，mg。

阴极斑点可以分为以下 4 种类型：

（1）静止不动的光滑表面斑点（LSS）。

（2）移动的光滑表面斑点（MSS）。

（3）带平均结构效应的粗糙表面斑点（RSA）。

（4）带个体结构效应的粗糙表面斑点（RSI）。

阴极辉点使阴极材料蒸发，从而形成定向运动的、具有 10 ~ 100eV 能量的原子和离子束流，其足以在基体上形成结合力牢固的薄膜，并使沉积速率达到 $10nm/s \sim 1\mu m/s$，甚至更高。在这种方法中，如果在蒸发室中通入所需的反应气体，则能生成反应物膜，其反应性能良好，且薄膜致密均匀、结合性能优良。

一般在系统中需设置磁场，以改善蒸发离化源的性能。磁场使电弧等离子体加速运动，增加阴极发射原子和离子的数量，提高原子和离子束流的密度和定向性，减少大颗粒（液滴）的质量分数，这就相应地提高了薄膜的沉积速率、薄膜的表面质量和膜/基的结合性能。

3 多弧离子镀沉积过程的理论基础

3.1 真空物理基础

3.1.1 真空度和真空区域划分

3.1.1.1 真空度

"真空"是相对的而不是绝对的。如在标准状态下，0℃、1标准大气压下每立方厘米有 2.687×10^{19} 个气体分子，而在超高真空极限 $10^{-11} \sim 10^{-12}$ Pa 压强下，每立方厘米中仍有 $33 \sim 330$ 个气体分子，可见"真空"并不空。

真空物理是研究气体分子的运动规律及气体分子与表面的作用，等等。

真空容器内气体分子时刻对器壁进行弹性碰撞，即产生气体压强。气压的大小在标准状态下和气体分子密度有关。因此，用测定气体压强的方法来衡量容器达到真空的程度，称为真空度。

"真空"是在指定的空间内压力低于 101325Pa 的气体状态。

3.1.1.2 真空区域划分

低真空：$10^5 \sim 10^2$ Pa

中真空：$10^2 \sim 10^{-1}$ Pa

高真空：$10^{-1} \sim 10^{-5}$ Pa

超高真空：小于 10^{-5} Pa

多弧离子镀膜设备当真空度达到 $10 \sim 10^{-1}$ Pa 时即可引弧，当抽至 10^{-2} Pa 时可向镀膜室内通氩气或反应气氮气。在实验中真空镀膜室内的真空度最高可达到 10^{-3} Pa。

3.1.2 气体分子运动论

气体分子运动论是真空物理的基本内容，它是研究真空容器中气体分子的运动规律。

3.1.2.1 理想气体状态方程

真空中的气体一般视为理想气体，在平衡状态下服从理想气体状态方程：

$$PV = \frac{m}{\mu}RT \tag{3-1}$$

式中 P ——气体压强，Pa；

      V ——气体体积，m^3；

      m ——气体质量，kg；

      T ——绝对温度，K；

      μ ——摩尔质量，kg/mol；

      R ——气体常数，$R = 8.3144 J/(mol \cdot K)$。

3.1.2.2 Maxwell – Boltzmann 分布定律

真空容器中的大部分气体分子运动是服从麦克斯韦分布定律。

  A   分布函数

$$f(v) = \lim_{dv \to 0} \frac{dN}{N \cdot dv} = \frac{dN}{N} \cdot \frac{1}{dv} \tag{3-2}$$

式中 N ——气体分子总数；

     dN ——速率在 v 到 $v+dv$ 区间内的分子数；

     $\dfrac{dN}{N}$ ——速率 v 到 $v+dv$ 内的分子百分数；

   $\dfrac{dN}{N} \cdot \dfrac{1}{dv}$ ——单位速率间隔内的分子百分数。

  B   速率分布图

粒子运动速率分布如图 3-1 所示。

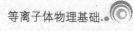

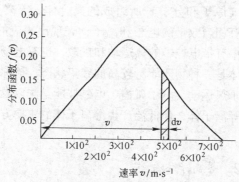

图 3 - 1 粒子运动速率分布

C Maxwell - Boltzmann 几率分布函数可用于确定气体分子的运动速率

温度为 T 的平衡态下的理想气体分子速率分布服从 Maxwell - Boltzmann 分布函数：

$$f(v,T) = 4\pi V^2 \left(\frac{m}{2\pi kT} \right)^{\frac{3}{2}} e^{-\frac{mv^2}{2kT}} \qquad (3-3)$$

式中 k ——玻耳兹曼常数，它的近似值为 1.38×10^{-23} J/K；

$\quad\quad T$ ——热力学温度，K；

$\quad\quad m$ ——一个分子的质量，mg。

3.1.2.3 道尔顿分压定律

PVD 技术经常看到混合气体，关于混合气体的压强规律有：相互不起化学作用的混合气体的总压强等于各气体分压强的总和，即 $P = P_1 + P_2 + P_3 + \cdots + P_n$。

3.2 等离子体物理基础

3.2.1 低温等离子体物理概述

3.2.1.1 等离子体概述

等离子体是一种电离度超过 0.1% 的气体，是由离子、电子和中性粒子（原子和分子）所组成的集合体。等离子体整体成中性，但含有相当数量的电子和离子，表现出相应的电磁性能，如等离子体中有带电粒子的热运动和扩散，也有电场作用下的迁移。等离子体是一种物质能量较高的聚集状态，被称为物质第四态。利用粒子热运动、电子碰撞、电磁波能量法以及高能粒子等方法可获得等离子体，但低温产生等离子体的主要方法是利用气体放电。

3.2.1.2 等离子体分类

A 按电离程度分类

按电离程序分为：

（1）完全电离状态气体：几乎所有中性粒子都呈离子态、电子态，是强导体，带电粒子密度 $10^{10} \sim 10^{15}$ 个/cm^3。

（2）部分电离状态气体：只有部分中性粒子电离。只要电离度达到 1%，其电导率与完全电离状态气体的导电率相近。

（3）弱电离状态气体：只有极少量中性粒子被电离。

多弧离子镀技术中，金属的离化率达到 60% ~ 90%，属于完全电离状态，整个放电空间具有很好的导电能力。

B 按等离子体中电子和重粒子温度（能量）分类

物质处于不同温度范围内所具有的能量不同。物质的能量用电子伏特（eV）表示，它和温度的关系可表示为：$1eV = 1.160485 \times 10^4 K$。

（1）热等离子体：等离子体中的重粒子温度 T_i 和电子温度 T_e 相等，即 $T_i \approx T_e$，均在 $10^4 K$ 范围，也称为平衡等离子体。在此高温下，所有的气体物质都会分解为原子或离解为带电粒子，存在大量的离子、自由基和活性分子。

（2）低温等离子体：等离子体中的重粒子温度 T_i 远远低于电子温度 T_e，即 $T_i \ll T_e$。一般重粒子温度接近常温，电子温度 T_e 达 $10^3 \sim 10^4 K$。这种等离子体称为低温等离子体，也称为非平衡等离子体。随着气压的降低，电子温度与气体粒子温度之差

越大。

低气压弧光放电产生的等离子体均属于低温等离子体。在这种等离子体中，电子的能量很高，且电子质量小，因此平均速度很大。这些高能电子与气体分子进行非弹性碰撞，从而使气体电离，产生新电子继续维持放电过程。在气相沉积过程中气体和金属原子被高能电子电离为离子。

3.2.2 弧光放电特性

A 弧光放电类型

a 根据放电气压分类

低气压弧光放电：低气压电弧是存在于低于 1333.22Pa 气压的气体或蒸气中的电弧，又称为真空电弧。弧柱中的电子温度高达 $10^4 \sim 10^5$K，重粒子温度略高于环境温度，形成非平衡等粒子体。

高气压弧光放电：高气压电弧是存在于高于 1333.22Pa 气压的气体或蒸气中的电弧，大气压力下的电弧为高气压弧。弧柱中的电子、正离子、中性气体原子或分子间达到热平衡，以具有气体温度高达 4000 ~ 20000K 的收缩弧柱为其特征。

多弧离子镀属于低气压弧光放电。

b 根据维持弧光放电形成方式分类

自持弧光放电是由辉光放电过渡形成的，因此需要首先用较高的电压将辉光点燃，然后过渡到弧光放电。它要求电压具有陡降特性。

非自持的热电子弧光放电不需要很高的点燃电压。

多弧离子镀属于自持弧光放电。

B 弧光放电的基本特性

无论是哪种形式的弧光放电，其极间电压均很低，只有 10 ~ 50V。电极上的电流密度可达到 $1000A/cm^2$。阴极附近的高密度电流，大部分是由阴极表面发射的电子携带，而不是由电离形成的正离子携带。

电弧有明显的 3 个区域：阴极区、阳极区和等离子体正柱区。

阴极区很窄，为 10^{-4} cm 数量级，仅为粒子自由程的几倍。由于阴极附近有大量的正离子堆积，形成双鞘层。阴极电位降等于电弧在其中燃烧的气体或蒸气的最低电离电位。因此，电场强度很大，达到 $10^6 \sim 10^8$ V/cm。

等离子体正柱区电场很小，只有 $10 \sim 50$ V/cm。弧的正柱电位降 $U_E = Ed_E$，式中 E 为场强，d_E 为正柱长度。虽然 E 不大，但弧柱 d_E 相当大，故弧柱上的总电位降与阴极位降、阳极位降为同数量级。电弧等离子体正柱区正、负带电离子密度相等，显电中性。带电粒子的迁移速率（也称为漂移速率）比热运动速度小得多。

阳极区附近吸引负粒子，形成阳极位降区。阳极位降区宽度与阴极区宽度均为 10^{-4} cm。

C 自持冷阴极弧光放电

场致电子发射：冷阴极弧光放电的电子发射机制主要是场致电子发射。阴极的整体处于低温，只是阴极弧斑在阳极表面迅速徘徊，引起局部的强烈蒸发，使阴极前蒸气压增大，自由程缩短至 $10^{-4} \sim 10^{-5}$ cm。阴极位降区非常窄，正离子堆积的结果形成空间电荷云。正离子和阴极形成偶电层，阴极电压分布在很窄的阴极暗区，场强达 $106 \sim 108$ V/cm 时发生击穿，形成强电场发射，称为场致发射。

场致发射所必需的电场强度，虽然可以靠提高阴极和阳极间的电压，但更有效的办法是减少阴极位降区的宽度。因此，提高放电气压或使阴极金属局部蒸发，在阴极前产生大量的蒸气，也是维持冷阴极场致发射的原因。当极间距很小时，阴极表面的电场变得非常不均匀。在微小的凸起处电场更强，凹下处电场稍弱，所以阴极发射实际上完全是由凸起点供给。由于凸起点面积很小，因此发射的电流密度比其他大得多，每个微弧斑可达 $10^6 \sim 10^8$ A/cm^2。微弧的能量密度达 $(1 \sim 3) \times 10^5$ W/cm^2。

为了点燃和维持场致发射的冷阴极弧光放电，引燃的方式是多种多样的，归纳起来主要有三种：高气压下点燃辉光转为弧光法，接触短路法，高压击穿法。

3.2.3 带电粒子与表面的作用

离子轰击阴极表面将发生一系列物理、化学现象，这些现象在离子气相沉积中起着非常重要的作用，有意义的效应为二次电子发射、气体的解吸与分解、阴极被轰击加热、阴极溅射、离子注入局部区域原子扩散、产生晶格变化等。

二次电子发射：离子轰击阴极引起的二次电子发射是维持自持放电的必要条件。

气体解吸与分解：离子轰击阴极表面，首先将阴极上吸附的气体溅射掉或热解吸出来。这一效应对于气相沉积的基片来说将起到净化作用。

阴极被轰击加热：离子轰击阴极时，将绝大多数能量（75%）转化为热能，使阴极升温。在离子渗氮、离子渗金属及等离子体化学气相沉积中，基片不需要外热源，靠离子轰击加热达到所需温度；在离子镀膜中，离子轰击使基片升温，有利于涂层原子的扩散，改善涂层组织；在溅射镀膜中，阴极靶需要良好的冷却条件，否则靶材会分解甚至熔化。

阴极溅射：阴极溅射是高能离子轰击阴极，使阴极表面的中性原子或分子逸出的过程。

离子注入：当入射离子能量大于 $2 \times 10^4 \text{eV}$ 时，溅射系数减小，产生注入效应，轰击粒子深入到靶面中，增加阴极表层的晶体缺陷。

3.3 薄膜生长

3.3.1 薄膜生长过程概述

薄膜生长过程直接影响到薄膜的结构以及它最终的性能，可以把薄膜的生长过程大致分为两个阶段，即新相形核与薄膜生长阶段。

在薄膜形成的最初阶段，一些气态的原子或分子开始凝聚到衬底表面上，从而开始了所谓的形核阶段。在沉积原子到达衬底表面的最初阶段，沉积原子在衬底形成了均匀细小而且可以运动的原子团，把这些原子团称为"岛"。这些比临界核心尺寸大的小岛接受新的原子逐渐长大，而岛的数目则很快达到饱和。小岛像液珠一样通过相互合并而扩大，而空出的衬底表面又形成了新的小岛，这一小岛形成与合并的过程不断进行，直到孤立的小岛之间相互连接成片，最后只留下一些孤立的孔洞，并逐渐被后沉积的原子所填充。

3.3.2　吸附与凝结过程

原子或分子间的化学键在固体表面突然中断，形成悬挂键，具有吸引外来原子或分子的能力，入射到基体表面的气相原子被悬挂键吸引住的现象为吸附。吸附状态取决于气相原子的动能。当气相原子动能较少时，处于物理吸附状态。外来原子吸附在表面上形成覆盖层，在单原子覆盖层的情况下，若 N 为吸附原子紧密排列于基底表面时应有的原子总数，N' 为基底表面实际吸附的原子数，则表示单原子吸附的覆盖度 e 定义为：

$$e = N'/N \qquad (3-4)$$

吸附层则与具体的吸附环境有关。

凝结是指吸附原子在基体表面形成原子及其后的过程，即从吸附相转变成凝结相的过程。这种转变是通过表面扩散完成的，扩散是吸附原子的迁移过程。

本书只研究到吸附阶段而未涉及凝结阶段。

4 多弧离子镀物理过程及成分离析效应

4.1 多弧离子镀物理过程

多弧离子镀薄膜工艺历史悠久，应用广泛，对其中的物理过程可以理解为：多弧离子镀在冷阴极真空弧光放电的过程中，电弧放电使阴极材料大量的蒸发，由固相蒸发为气相，由材料蒸气粒子与反应离子在真空中无碰撞地飞行，沉积在温度较低的基片上，重新凝结为固相，即镀膜过程包括粒子蒸发、粒子运动和粒子吸附3个阶段，分别发生在阴极靶表面、真空镀膜室中及基片表面上。多弧离子镀薄膜的物理过程如图 4-1 所示。

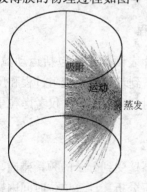

图 4-1 多弧离子镀薄膜的物理过程示意图

4.1.1 粒子蒸发过程

粒子蒸发过程如下：

（1）蒸发粒子服从 Maxwell 速率分布。真空弧光放电使材料蒸发电离，在蒸发室中形成均匀分布的等离子体，其中的电子和离子都服从 Maxwell - Boltzmann 分布。

（2）明晰粒子蒸发过程的分布情况，即随机函数。粒子流密度（单位时间内穿过垂直于研究方向单位横截面积的粒子数）的分布具有方向性，服从 $\cos^n\theta$ 规律，θ 为研究方向与材料蒸发平面法线之间的夹角，$n=0$ 对应于点源的均匀发射，n 越大，粒子越集中于法线方向，这里 n 值通常为1、2。

4.1.2　粒子运动过程

运动粒子在偏压电场中，受电场力的作用。它是建立在数学模型的基础上，通过坐标系可以反映某点的电场分布。运动粒子在电场力的作用下运动到基片上。

电气悬浮的基片架浸没在均匀的等离子体中，相对等离子体处于负电位，正离子在基片表面鞘层电场的加速作用下垂直射到基片上，能量约为 $e(V_P - V_F)$，其中，V_P 和 V_F 分别是等离子体和悬浮极的电位。

4.1.3　粒子吸附过程

运动粒子和基片表面的作用包括运动粒子与基片表面的碰撞，也包括运动粒子到基片表面吸附过程和反射、溅射过程。

在此忽略了反射和溅射部分，仅考虑粒子吸附过程。

4.1.3.1　碰撞

平衡状态下，器壁受到分子的频繁碰撞，其碰撞于单位面积上的分子数可做如下分析：计算单位时间内碰撞于器壁或基片上小面积 dA 上的分子数时，由于分子运动的无规则性，运动的各个方向机会均等，因此，任何时刻运动方向在立体角 $d\Omega$ 中的几率为 $d\Omega/4\pi$。设 $d\Omega$ 与 dA 法线夹角为 θ，单位时间内速率在 $v \sim (v+dv)$ 间，从立体角 $d\Omega$ 方向飞来碰撞于 dA 上的分子数目，就是以 $dA\cos\theta$ 为底，v 为高的圆筒中的分子，其数目为：$\dfrac{d\Omega}{4\pi}f(v)\,dv\cdot$

$nv\cos\theta\cdot dA$，单位时间内从立体角 $d\Omega$ 方向飞来的各种速度的分子数，只需对上式 dv 从 $0 \sim \infty$ 积分，碰撞于 dA 上的分子数与分子飞来方向与法线夹角余弦成正比。

4.1.3.2 反射及溅射

克努曾余弦反射定律指出：碰撞于固体表面的粒子，其飞离表面的方向与飞来的方向无关，而是呈余弦分布的方式漫反射。克努曾提出假说认为，碰撞于表面的粒子都被表面吸附，停留一段时间，进行某种交换动量或能量的过程，然后，"忘掉"原来的方向重新"蒸发"。

与气体粒子在表面上反射不同，被离子溅射的粒子，在表面上不服从克努曾余弦定律，而是沿离子正反射方向分布最多。

4.1.3.3 吸附

被蒸发的粒子大多数被基体表面吸附，沉积在基片表面。

4.2 主要工艺参数

4.2.1 基体负偏压

在多弧离子镀过程中，镀膜真空室内为等离子体气氛所填充，等离子体中含有大量的离子、电子及中性粒子。

（1）在未加负偏压时，受电弧的辐射和等离子鞘层电压的影响，基体有一定的温升，但温度较低，同时沉积速率较小，在相同时间内沉积的薄膜厚度较薄。

（2）当基体被施加负偏压时，等离子体中的离子将受到负偏压电场的作用而加速飞向基体，当到达基体表面时离子轰击基体，并将从电场中获得的能量传递给基体，导致基体温度迅速上升，薄膜生长速率快，薄膜较厚。

（3）然而负偏压过大时，离子强烈的轰击基体会引起反溅射现象，致使薄膜厚度有所减小。所以，合适的偏压可以增加膜/基结合力、细化薄膜的晶粒及减少表面液滴等杂质的沉积量。偏压过低则起不到上述的作用，而偏压过高又会产生不利的影响，降低工作效率且使试样的表面粗糙。

4.2.2 气体分压

气体分压为保护气体或反应气体的实际压强，它是相对于整体气体压强而言的，反映真实保护气体或反应气体的质量分数，它是镀膜工艺中较为重要的参数之一。反应气体分压直接影响到生成离子或离子间化合物的种类和比例，间接影响薄膜的物相和组织，对反应膜的性能有很大影响。同时，气体分压还影响薄膜的紧实程度和内应力，当气体分压增大时将提高薄膜的压应力，从而提高薄膜的致密度。在各种不同的偏压条件下，薄膜的沉积速率都随着气体分压而变化。由于在不同的气体分压条件下，真空室的总压强是恒定的，排除因气体对沉积离子的散射作用外，同一偏压下沉积速率的变化只能是由其分压的不同造成的。

对于 TiN 薄膜的沉积来说，实验证明提高氮分压，有明显细化和减少颗粒的效果，其机制还不清楚。有人认为氮气分压高时，在弧斑区附近靶面上易生成氮化物沉积，氮化物熔点高，可缩小灼坑尺寸，抑制液滴生成；也有人认为在微熔池上方高气压会影响液滴的发射生成条件和分布。不过，氮气分压是影响涂层相构成和涂层颜色的重要参数。

4.2.3 弧电流强度

(1) 弧电流强度对靶材的蒸发和沉积速率有重要的影响。一般来说，弧电流强度越大，靶材的蒸发和离化率就越高，但超过一定数值时（根据靶的材质而定），会产生较大的金属或合金液滴，使反应不充分而在基体某处聚集。这不仅影响了薄膜的形貌，而且会形成局部的成分分布不均匀和应力集中，从而导致局部性能的大幅度下降，最终影响试样整体的性能。此外，靶的弧电流还被称为维弧电流，它所产生的电磁场与外加强磁场叠加后，使圆形电弧斑在靶材表面做不停的、有规律的收缩运动。在这种稳定的磁场作用下，靶材的蒸发和沉积速率都趋于稳定。

（2）当弧电流强度增强时，离子的数量和能量有所增加，这使得基体的温度升高，从而使薄膜在沉积生长的过程中，晶粒的生长方式发生变化。

（3）弧电流强度对成分离析效应有一定的影响。利用多弧离子镀技术制备复合硬质膜时，经常会在相同的工艺条件下出现成分离析现象。实验表明，当靶的弧电流到达某一特定值时，相同工艺下得到的薄膜成分和靶材成分的比例趋于一致。

4.2.4 本底真空度

本底真空度是指未充入保护气体和反应气体之前，真空室内气体压强的量度。

（1）本底真空度对薄膜成分的影响。本底真空度越小，说明反应室中的气体分子或原子数越少，换言之就是气体的纯度越高、杂质越少。对于复合反应离子镀膜，反应时应尽量避免杂质元素的介入，从而避免对反应膜成分及性能的影响。

（2）本底真空度对反应速率和沉积速率的影响。真空度很高时，反应气体和靶离子化时产生的等离子团中带电粒子的平均自由程相对较短，比较容易发生反应，生成稳定的离子化合物，其反应速率相对较高。与此同时，在偏压加速电场的作用下，离子化合物、部分正离子和液滴等都以不同的速率沉积到基体上形成薄膜。在沉积的过程中，若存在的杂质气体较多，势必会降低生成物的运动速率或轨迹而影响薄膜的沉积速率。

4.2.5 试样温度

在沉积过程中，试样的温度直接影响到沉积物所形成的相、薄膜的组织、膜/基之间的结合方式和过渡层的结构等。温度过高或过低都会产生由热应力和组织应力所带来的内应力，严重的甚至会使薄膜破裂脱落，降低薄膜的使用性能。当试样温度较低时，沉积原子的表面迁移率小，核的数目有限，由核生长为锥形的微晶结构，这种结构不致密，在锥形微晶之间有几十纳米的纵向气孔，结构中位错密度高，残余应力大，薄膜的表面粗糙；当试样温度较高时，薄膜的组织以较粗大的柱状晶形式长大，结构呈现等轴晶形貌，晶粒疏松且耐蚀性差。所以，只有在合适的温度下，才能形成细柱状的致密组织，薄膜的性能也较好。

4.2.6 试样转动速率

尽管多弧离子镀设备的沉积源是不对称的合理分布，靶材的绕镀性良好，但是仍存在着沉积死角。为了获得成分和组织相对均匀的薄膜，降低液滴污染对薄膜组织和性能的影响，试样还需要保持一定的转动速率。

4.2.7 沉积时间

沉积时间主要影响薄膜的厚度。随着薄膜的厚度增加，热应力和组织应力有增加的趋势。当沉积时间到达一定值时，薄膜的厚度达到最大值，但此后由于反溅射现象，薄膜的厚度不但不会增加，反而还会降低。

4.2.8 磁场

多弧离子镀膜中的磁场主要是对阴极弧斑的运动情况进行控制，它可以提高弧源放电过程的稳定性，减少液滴的数量，提高薄膜的力学性能、致密性和膜/基结合性能，同时它还可以提高靶材的利用率。

综上工艺参数并结合实际的镀膜经验，基体负偏压和气体分压是多弧离子镀技术中最重要的两个工艺参数。

4.3 离化率和成分离析效应

4.3.1 阴极电弧产物与离化现象

大量的研究表明，多弧离子镀阴极弧源发射的等离子体产物有电子、离子、液滴和中性金属蒸气原子等组成。其中中性原子的比例非常小（小于2%），以致可以认为沉积到基片上的粒子束流几乎全部由离子和液滴组成。

多弧离子镀中液滴发射现象是普遍存在的，其尺寸和数量受阴极材料、弧斑尺寸及运动等多种因素的影响。由于液滴是熔融的阴极材料熔滴，其化学成分组成与阴极靶材是相同的。

多弧离子镀的空间等离子体中的离子往往呈多价离化状态，而且离子处于各价态的几率是不同的。这可以理解为在离化区域内电子的多次碰撞导致了分步电离。而且熔点越高的金属元素，离子越容易具有高价离化态，其处于高价态的几率相应也越大。不同元素的离子价态分布见表4-1。

表4-1 不同元素的离子价态分布

元素	熔点/K	电荷态分布					平均电荷态
		+1	+2	+3	+4	+5	
Al	923	56	39	5			1.48
Ti	1963	6	82	12			2.05
Cr	2176	25	67	8			1.82
Fe	1812	31	64	5			1.73
Co	1768	47	49	4			1.57
Ni	1725	53	44	3			1.51
Cu	1357	44	42	14			1.70
Zn	693	86	14				1.14
Zr	2125	9	55	30	6		2.33
Mo	2580	14	47	28	11		2.35
Ta	3270	3	39	28	18	2	2.58
W	3650	8	34	36	19	3	2.74

4.3.2 离化率

多弧离子镀的离化率是电离子的原子数占所有蒸发的原子的

总数（包括电离子数和液滴中的原子数）百分比。

与其他类型的离子镀相比，多弧离子镀的离化率是相当高的，这归功于其特有的阴极电弧过程。如前所述，由于在离化区域内等离子体的完全离化，沉积空间只有离子和液滴，而无中性原子。如不考虑液滴，可认为多弧离子镀的等离子体达到几乎百分之百的完全离化，甚至是多重离化。即使考虑液滴，其离化率是非常高的。元素的离化率见表4-2。

表4-2 元素的离化率

金属元素	Cd	Zn	Al	Cu	Ti	Ni	Fe
离化率/%	15	25	50~60	55	80	60~70	65

4.3.3 成分离析效应

多弧离子镀的离化率实际上是反映等离子体中离子数与离子和液滴中包含的原子数之和的比例关系的。它主要由阴极材料而定，也受工艺过程的影响，可以根据其直观定性判断合金涂层与靶材成分之间的偏离情况即成分离析效应。根据相关文献报道，多弧离子镀合金镀膜中，在合金涂层与合金靶材之间普遍存在着成分离析效应。

因此，研究多弧离子镀合金涂层与合金靶材之间成分离析的一般规律，进而指导合金靶材的成分设计，对于多弧离子镀技术的发展具有重要的理论意义和实用价值。

5　计算机模拟技术

5.1　计算机模拟技术概述

5.1.1　计算机模拟技术特点

计算机模拟技术相对于传统理论和实验方法具有突出的特点：

（1）计算机模拟技术比传统理论方法更适合研究复杂体系。同时计算机模拟方法允许对模型和试验进行比较，从而提供了一个评估模型正确与否的手段。

（2）计算机模拟技术比传统实验省钱省时。传统实验设备投资巨大，建设周期长，准备实验也要相当大的人力、物力和时间。而用计算机来做"实验"就简单得多。

（3）计算机模拟技术比传统实验有更大的自由度和灵活性，它不存在实验中的测量误差和系统误差，没有什么测试探头的干扰问题，可以自由选取参数。

（4）在传统实验很困难甚至不能进行的场合，仍可以进行计算机模拟技术。

如上所述计算机模拟技术有自己鲜明的优点，但是决不能认为它可以包罗一切去替代其他。计算机模拟方法现在已经成为许多学科中重要的工具。除了提到的计算机模拟相对于传统理论和实验方法所具有的特点之外，计算机模拟方法还有另外一个优点：它可以沟通理论和实验，某些量或行为无法或很难在试验中测量时，可用计算机模拟的方法将这个量计算出来。计算机模拟和理论、实验现在已经成为三大独立而又紧密联系的研究手段，试验的结果和理论可以相互促进和指导，而计算机模拟以理论为基础，可以用来验证理论，指导实验，可作为实验和理论的补充和桥梁关系, 如图 5 - 1 所示。

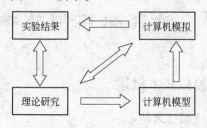

图 5 - 1   研究方法关系

5.1.2   材料加工工艺的计算机模拟技术

材料加工工艺的计算机模拟技术就是在材料加工的理论指导下, 通过数值模拟和物理模拟, 用计算机动态模拟材料的加工过程, 预测实际工艺条件下材料的最后成分、组织、性能和质量, 进而实现加工工艺的优化设计。

基于知识的材料加工工艺模拟技术是使材料加工工艺从经验试错走向科学指导的重要手段, 是材料科学与制造科学的前沿领域和研究热点。根据美国科学研究院工程技术委员会的测算, 模拟技术可提高产品质量 5 ~ 15 倍、增加材料出品率 25%、降低工程技术成本 13% ~ 30%、降低人工成本 5% ~ 20%、增加投入设备 30% ~ 60%、缩短产品设计和试制周期 30% ~ 60%、增加分析问题广度和深度能力的 3 ~ 3.5 倍等。

计算机模拟技术已广泛应用于材料加工领域。计算机模拟技术在材料加工中的应用, 使材料加工工艺从定性描述走向定量预测的新阶段; 为材料的加工及新工艺的研制提供理论基础和优选方案; 从传统的经验试错法 (Test and Error Method), 推进到以知识为基础的计算试验辅助阶段; 对于实现批量小、质量高、成本低、交货期短、生产柔性、环境较好的未来制造模式具有非常重要的意义。

1989 年, 美国在调查分析了工业部门对材料的需求之后, 编写出版了 (20 世纪 90 年代的材料科学与工程) 报告, 对材料的计算机分析与模型化作了比较充分的论述，认为现代理论和计算机技术的结合，使得材料科学工程的性质正在发生变化，计算机分析与模型化的进展，将使材料科学从定性描述逐渐进入定量描述的阶段。

近十年来，材料设计或材料的计算机模拟与模型化日益受到重视，究其原因主要有以下几点：

（1）现代计算机的速度、容量和易操作性空前提高。几年前在数学计算、数据分析中还认为无法解决的问题，现在已有可能加以解决；而且计算机处理能力还将进一步发展和提高。

（2）科学测试仪器的进步提高了定量测量的水平，并提高了丰富的实验数据，为理论设计提供了条件。在这种情况下更需要借助计算机技术沟通理论与实验资料。

（3）材料研究和制备过程的复杂性增加，许多复杂的物理、化学过程需要计算机模拟和计算，这样可以部分地或全部地替代既耗资又费时的复杂实验过程，节省人力物力。更有甚者，有些实验在现实条件下是难以实施的或无法实施的，但理论分析和模拟计算却可以在无实物消耗的情况下提供信息。

（4）以原子、分子为起始物进行材料合成，并在微观尺度上控制其结构，是现代先进材料合成技术的重要发展方向，例如分子束外延、纳米粒子组合、胶体化学方法等。所以计算机模拟是重要方法。

5.2　多弧离子镀计算机模拟技术的研究现状及发展趋势

多弧离子镀的计算机模拟技术是在多弧离子镀技术和材料加工工艺的模拟技术二者的基础上发展起来的，虽然它真正成型时间很短，但是其相关理论的基础研究工作已经有很久的历史了。

5.2.1　利用多弧离子镀技术来制备涂层的研究历程

多弧离子镀技术自出现以来，始终以研究 TiN 涂层为主，近几年来，随着工艺的不断发展完善，多弧离子镀技术已经在很多的领域获得应用。该技术可以沉积金属的氮化物涂层，金属的氧化物涂层，金属的碳化物涂层，金属涂层和合金涂层等。国外相关的研究结果与进展主要集中在二元合金涂层的制备工艺上。

随着现代科技的迅猛发展，机械加工自动化程度的不断提高，要求具有更加优越综合性能的涂层。

多弧离子镀技术制备涂层已经从单一的金属反应涂层（第一代反应涂层）发展到具有一定综合性能的二元合金反应涂层（第二代反应涂层），并向多元合金复合反应涂层（第三代反应涂层）的方向发展。研究和开发多元合金复合涂层来更进一步改善涂层的综合使用性能是该领域的研究热点。

目前对于多元反应涂层的研究尚处于初级阶段，纵向的研究很缓慢，横向的研究宽度还不够。二元反应涂层如（Ti，Al）N、（Ti，Zr）N 等研究很充分，但三元的反应涂层如（Ti，Al，Zr）N、（Ti，Al，Cr）N、（Ti，Al，Si）N 等研究还没有完整的成果，对于多元反应涂层制备技术的反应机理、影响因素的研究还不够充分，所以还在不断进行之中。

多弧离子技术在各种要求的镀膜应用中，有着巨大的潜力，其发展前景是非常乐观的。

5.2.2 模拟技术的研究历程及发展趋势

5.2.2.1 研究历程

材料加工工艺的模拟技术研究开始于铸造过程，这是因为铸件凝固过程温度场模拟计算相对简单。1962 年，丹麦人 Forsund 首次采用计算机及有限差分法进行铸件凝固过程的传热计算，继丹麦人之后，美国在 60 年代中期在美国国家科学基金会（NSF）资助下，开拓进行大型铸钢件温度场的数值模拟研究，进入 70 年代后，更多的国家（我国从 70 年代末期开始）加入到这个研究行列，并从铸造逐步扩展到锻压、焊接、热处理。在全世界形成一个材料加工工艺模拟的研究热潮。在最近十几年来召开的材料加工各专业的国际会议上，该领域的研究论文数量居各类论文的首位；另外从 1981 年开始，每两年还专门召开一届铸造和焊接过程的计算机数值模拟国际会议，至今已举办八届。近一二十年来，模拟技术不断向广度、深度扩展。

在多弧离子镀的计算机模拟研究中，目前主要集中在薄膜生长过程的研究，而对镀膜的整个制备过程尚未做出研究。随着合金元素的增加，涂层合金成分控制和沉积过程的反应控制也就变得相对困难，甚至有时合金元素的作用也难以直接考察。精确的复合涂层的成分控制往往是实现综合性能提高的最重要条件。所以利用计算机来对多弧离子镀的镀膜过程进行模拟，从定性描述逐渐进入定量半定量描述的阶段。

5.2.2.2　发展趋势

近一二十年来，材料加工工艺模拟技术不断向广度、深度扩展，其发展历程及发展趋势有以下 7 个方面：

（1）模拟的尺度由宏观到中观再到微观，向小尺度发展。材料加工工艺模拟的研究工作已普遍由建立在温度场、速度场、变形场基础上的旨在预测形状、尺寸、轮廓的宏观尺度模拟（米量级）进入到以预测组织、结构、性能为目的的中观尺度模拟（毫米量级）及微观尺度模拟阶段，研究对象涉及结晶、再结晶、重结晶、偏析、扩散、气体析出、相变等微观层次，甚至达到单个枝晶的尺度。

（2）模拟的功能由单一分散到多种耦合，向集成方向发展。模拟功能已由单一的温度场、流场、应力/应变场、组织场模拟普遍进入到耦合集成阶段。包括：流场⟷温度场；温度场⟷应力/应变场；温度场⟷组织场；应力/应变场⟷组织场等之间的耦合，以真实模拟复杂的实际加工过程。

（3）研究工作的重点和前沿由共性通用问题转向难度更大的专用特性问题。由于建立在温度场、流场、应力/应变场数值模拟基础上的常规材料加工，特别是铸造、冲压、铸造工艺模拟技术的日益成熟及商业化软件的不断出现，研究工作已由共性通用问题转向难度更大的专用特性问题。主要解决特种材料加工工艺模拟及工艺优化问题及材料加工工件的缺陷消除问题。

（4）重视提高数值模拟精度和速度的基础性研究。数值模拟是模拟技术的重要方法，提高数值模拟的精度和速度是当前数值模拟的研究热点，为此非常重视基础理论、新的数理模型、新的算法、前后处理、精确的基础数据获得与积累等基础性研究。

（5）重视物理模拟及精确测试技术。物理模拟揭示工艺过程本质，得到临界判据，检验、校核数值模拟结果的有力手段，越来越引起研究工作者的重视。

（6）在并行环境下，工艺模拟与生产系统其他技术环节实现集成，成为先进制造系统的重要组成部分。起初，工艺模拟多是孤立进行的，其结果只用于优化工艺设计本身，且多用于单件小批量毛坯件生产。近年来，已逐步进入大量生产的先进制造系统中。

（7）以商业软件为基础，改进提高研究与普及应用相结合。随着计算机模拟技术的日益成熟及更多实用化模拟软件的开发应用，计算机模拟技术会普遍应用于材料加工的各个工艺过程，并将发挥越来越大的作用。

6　数学模型的建立

一个理想的数学模型是既能反映镀膜过程的全部重要特性，同时在数学上又易于处理。模型要满足可靠性、适用性。镀膜过程是很复杂的，影响因素也是很多的，必须要从其中找出起决定性作用的因素，进行一定的假设，采用适当的数学工具来进行模型的建立。

建模的步骤如图 6-1 所示。

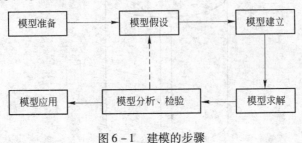

图 6-1　建模的步骤

主要的假设如下：

（1）多弧离子镀的真空镀膜室看做是一圆柱形的设备，基片看做中间的杆。

（2）真空镀膜室内的电荷看做是均匀面分布。

（3）真空镀膜室内忽略边界效应。

（4）粒子蒸发过程看做是同时的蒸发，方向上服从 $\cos^n\theta$ 规律，$n=2$。

（5）离化区域的离子向沉积方向的运动是各向同性的，内部忽略粒子之间的碰撞。

（6）粒子运动到基片上只考虑粒子的吸附过程，忽略粒子的反射和溅射部分。

本书把多弧离子镀设备的真空镀膜室看做是一圆柱形的设备，基片看做是中间的杆，如图 6-2 所示。筒壁和上下底为正极，杆为负极。在正负极间外加电压（称为"负偏压"），把电压转化为电场中场强对电荷的作用，电场力就可以看做是正负电荷对电场中电荷的力的作用。靶材蒸发而形成的等离子体在电场的作用下被加速运动。

将真空镀膜室的组成分为三部分：杆（负极）为 Q；上下底（正极）为 Q_1；壁（正极）为 Q_2。

则有

$$|Q| = 2Q_1 + Q_2$$

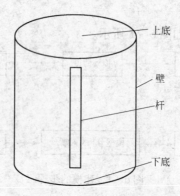

图 6-2　多弧设备示意图

6.1　电场强度计算

应用库仑定律并利用积分法分别计算杆、上下底及筒壁对真空镀膜室内电场的贡献。

6.1.1　杆的贡献

杆的贡献，如图 6-3 所示。

线电荷密度是 $\dfrac{Q}{l}$，任取一点，坐标为 (ρ_0, z_0)，计算 ρ、z 轴方向上的电场强度分量合成。

ρ 轴方向：

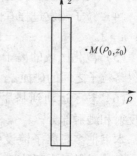

图 6-3　杆的示意图

$$dE_\rho = \frac{1}{4\pi\varepsilon_0} \cdot \frac{1}{\rho_0^2 + (z - z_0)^2} \cdot \frac{Q}{l} \cdot dz \cdot \frac{\rho_0}{\sqrt{\rho_0^2 + (z - z_0)^2}}$$

$$E_\rho = \frac{1}{4\pi\varepsilon_0} \int_{-\frac{l}{2}}^{\frac{l}{2}} \frac{Q}{l} \cdot \rho_0 dz \cdot \frac{1}{[\rho_0^2 + (z - z_0)^2]^{\frac{3}{2}}}$$

z 轴方向：

$$dE_z = \frac{1}{4\pi\varepsilon_0} \cdot \frac{1}{\rho_0^2 + (z - z_0)^2} \cdot \frac{Q}{l} \cdot dz \cdot \frac{z_0 - z}{\sqrt{\rho_0^2 + (z - z_0)^2}}$$

$$E_z = \frac{1}{4\pi\varepsilon_0} \int_{-\frac{l}{2}}^{\frac{l}{2}} \frac{Q}{l} \cdot \frac{(z_0 - z) dz}{[\rho_0^2 + (z - z_0)^2]^{\frac{3}{2}}}$$

所以：

$$E_\rho = \frac{Q}{4\pi\varepsilon_0 l\rho_0} \left[\frac{\frac{l}{2} - z_0}{\sqrt{\rho_0^2 + \left(\frac{l}{2} - z_0\right)^2}} + \frac{\frac{l}{2} + z_0}{\sqrt{\rho_0^2 + \left(\frac{l}{2} + z_0\right)^2}} \right]$$

$$E_z = -\frac{Q}{4\pi\varepsilon_0 l\rho_0} \left[\frac{1}{\sqrt{\rho_0^2 + \left(\frac{l}{2} - z_0\right)^2}} + \frac{1}{\sqrt{\rho_0^2 + \left(\frac{l}{2} + z_0\right)^2}} \right]$$

6.1.2 上、下底的贡献

6.1.2.1 计算下底

下底的示意图如图 6-4 所示。

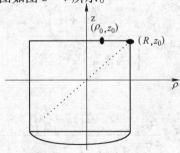

图 6-4 下底的示意图

近似步骤如下:

(1) 求边界上某点 (R, z_0) 的电场;

(2) 用近似平均求 (ρ_0, z_0) 电场。

具体如下:

z 轴方向:

中心线上 $(0, z_0)$ 处,E_z 最大;

边界面上 (R, z_0) 处,E_z 最小。

$(0, z_0)$ 处:

$$E_z^0 = \frac{1}{4\pi\varepsilon_0} \frac{Q_1}{\left(z_0 + \dfrac{l}{2}\right)^2 + R^2} \frac{z_0 + \dfrac{l}{2}}{\sqrt{\left(z_0 + \dfrac{l}{2}\right)^2 + R^2}}$$

(R, z_0) 处,最大弧元贡献为:

$$\frac{1}{4\pi\varepsilon_0} \frac{dQ}{\left(z_0 + \dfrac{l}{2}\right)^2} \times 1$$

最小弧元贡献为:

$$\frac{1}{4\pi\varepsilon_0} \frac{dQ}{\left(z_0 + \dfrac{l}{2}\right)^2 + (2R)^2} \frac{z_0 + \dfrac{l}{2}}{\sqrt{\left(z_0 + \dfrac{l}{2}\right)^2 + (2R)^2}}$$

取平均值为:

$$\frac{dQ}{4\pi\varepsilon_0} \frac{2\left(z_0 + \dfrac{l}{2}\right)}{\left[\left(z_0 + \dfrac{l}{2}\right)^2 + (2R)^2\right]^{\frac{3}{2}}}$$

总贡献:

$$E_z^R = \frac{Q_1}{4\pi\varepsilon_0} \frac{2\left(z_0 + \dfrac{l}{2}\right)}{\left[\left(z_0 + \dfrac{l}{2}\right)^2 + (2R)^2\right]^{\frac{3}{2}}}$$

$$\frac{|\rho_0|}{R} = \frac{E_z^0 - E_z^{(\rho_0)}}{E_z^0 - E_z^R}$$

所以
$$E_z^{(\rho_0)} = E_z^0 \left(1 - \frac{|\rho_0|}{R} \right) + \frac{|\rho_0|}{R} E_z^R$$

代入可得：

$$E_z^{(\rho_0)} = \frac{Q_1}{4\pi\varepsilon_0} \frac{z_0 + \dfrac{l}{2}}{\left[\left(z_0 + \dfrac{l}{2} \right)^2 + R^2 \right]^{\frac{3}{2}}} \left(1 - \frac{|\rho_0|}{R} \right) +$$

$$\frac{|\rho_0|}{R} \frac{Q_1}{4\pi\varepsilon_0} \frac{2\left(z_0 + \dfrac{l}{2} \right)}{\left[\left(z_0 + \dfrac{l}{2} \right)^2 + (2R)^2 \right]^{\frac{3}{2}}}$$

ρ 轴方向：中心线上 $(0, z_0)$ 处，E_ρ 最小等于 0；

边界面上 (R, z_0) 处，E_ρ 最大。

在 (R, z_0) 处，最大弧元贡献为：

$$\frac{\mathrm{d}Q}{4\pi\varepsilon_0} \frac{1}{\left(z_0 + \dfrac{l}{2} \right)^2 + (2R)^2} \frac{2R}{\sqrt{\left(z_0 + \dfrac{l}{2} \right)^2 + (2R)^2}}$$

最小弧元贡献为 0。

取平均值则有：

$$\frac{\mathrm{d}Q}{4\pi\varepsilon_0} \frac{1}{2} \frac{2R}{\left[\left(z_0 + \dfrac{l}{2} \right)^2 + (2R)^2 \right]^{\frac{3}{2}}}$$

所以总贡献：

$$E_\rho^{(R)} = \frac{Q_1}{4\pi\varepsilon_0} \frac{R}{\left[\left(z_0 + \dfrac{l}{2} \right)^2 + (2R)^2 \right]^{\frac{3}{2}}}$$

$$\frac{E_\rho^{(\rho_0)}}{E_\rho^{(R)}} = \frac{\rho_0}{R}$$

$$E_\rho^{(\rho_0)} = \frac{\rho_0}{R} E_\rho^{(R)}$$

所以
$$E_\rho^{(\rho_0)} = \frac{\rho_0}{R} \frac{Q_1}{4\pi\varepsilon_0} \frac{R}{\left[\left(z_0 + \frac{l}{2}\right)^2 + (2R)^2\right]^{\frac{3}{2}}}$$

6.1.2.2 计算上底

按近似方法进行计算如下：

$$E_z^{(\rho_0)} = \frac{Q_1}{4\pi\varepsilon_0} \frac{z_0 - \frac{l}{2}}{\left[\left(z_0 - \frac{l}{2}\right)^2 + R^2\right]^{\frac{3}{2}}} \left(1 - \frac{|\rho_0|}{R}\right) +$$

$$\frac{|\rho_0|}{R} \frac{Q_1}{4\pi\varepsilon_0} \frac{2\left(z_0 - \frac{l}{2}\right)}{\left[\left(z_0 - \frac{l}{2}\right)^2 + (2R)^2\right]^{\frac{3}{2}}}$$

$$E_\rho^{(\rho_0)} = \frac{\rho_0}{R} \frac{Q_1}{4\pi\varepsilon_0} \frac{R}{\left[\left(z_0 - \frac{l}{2}\right)^2 + (2R)^2\right]^{\frac{3}{2}}}$$

6.1.3 筒壁的贡献

$\mathrm{d}z \frac{Q_2}{l} = q$ 为微元环的电荷量。

z 轴方向，(ρ_0, z_0) 点：

$$\mathrm{d}E_z^{(\rho_0)} = \frac{q}{4\pi\varepsilon_0} \frac{z_0 - z}{\left[(z_0 - z)^2 + R^2\right]^{\frac{3}{2}}} \left(1 - \frac{\rho_0}{R}\right) +$$

$$\frac{\rho_0}{R} \frac{q}{4\pi\varepsilon_0} \frac{2(z_0 - z)}{\left[(z_0 - z)^2 + (2R)^2\right]^{\frac{3}{2}}}$$

$$E_z^{(\rho_0)} = \int_{-\frac{l}{2}}^{\frac{l}{2}} \frac{1}{4\pi\varepsilon_0} \left(1 - \frac{\rho_0}{R}\right) \frac{Q_2}{l} \mathrm{d}z \frac{z_0 - z}{\left[(z_0 - z)^2 + R^2\right]^{\frac{3}{2}}} +$$

$$\int_{-\frac{l}{2}}^{\frac{l}{2}} \frac{\rho_0}{R} \frac{1}{4\pi\varepsilon_0} \frac{Q_2}{l} dz \frac{2(z_0 - z)}{\left[(z_0 - z)^2 + (2R)^2\right]^{\frac{3}{2}}}$$

ρ 轴方向：

$$dE_\rho^{(\rho_0)} = \frac{\rho_0}{R} \frac{q}{4\pi\varepsilon_0} \frac{R}{\left[(z_0 - z)^2 + (2R)^2\right]^{\frac{3}{2}}}$$

$$E_\rho^{(\rho_0)} = \int_{-\frac{l}{2}}^{\frac{l}{2}} \frac{\rho_0}{R} \frac{1}{4\pi\varepsilon_0} \frac{Q_2}{l} dz \frac{R}{\left[(z_0 - z)^2 + (2R)^2\right]^{\frac{3}{2}}}$$

所以

$$E_z^{(\rho_0)} = \frac{\left(1 - \frac{\rho_0}{R}\right)Q_2}{4\pi\varepsilon_0 l}\left[\frac{1}{\sqrt{\left(\frac{l}{2} - 2z_0\right)^2 + R^2}} \frac{1}{\sqrt{\left(\frac{l}{2} + 2z_0\right)^2 + R^2}}\right] +$$

$$\frac{\rho_0 Q_2}{2\pi\varepsilon_0 R l}\left[\frac{1}{\sqrt{\left(\frac{l}{2} - 2z_0\right)^2 + (2R)^2}} \frac{1}{\sqrt{\left(\frac{l}{2} + 2z_0\right)^2 + (2R)^2}}\right]$$

$$E_\rho^{(\rho_0)} = \frac{\rho_0 Q_2}{16\pi\varepsilon_0 l R^2}\left[\frac{\frac{l}{2} - 2z_0}{\sqrt{\left(\frac{l}{2} - 2z_0\right)^2 + (2R)^2}} + \frac{\frac{l}{2} + 2z_0}{\sqrt{\left(\frac{l}{2} + 2z_0\right)^2 + (2R)^2}}\right]$$

6.2 电场强度公式转化

电场强度公式转化即通过电荷 Q 计算的电场强度转化为用偏压 U 表述的电场强度。

导体的电容 C 是表征导体储电能力的物理量，它在数值上等于使导体电势为一单位时所必须给予导体的电量，见式（6-1）。

$$C = \frac{Q}{U} \tag{6-1}$$

式中 C——导体的电容，F；

$\quad\quad Q$——导体的电量，C；

$\quad\quad U$——导体的电势，V。

导体的电容与导体的形状大小有关。本书中把多弧离子镀设备的真空镀膜室看做是一圆柱形的设备，中心有一转动轴。设备的电容器可以看做是由筒壁和转动轴两个同轴的圆柱面极板所组成，如图 6 – 5 所示。

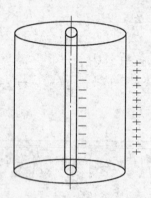

图 6 – 5   多弧离子镀设备的电容器示意图

设筒壁的半径为 R_B，转动轴的半径为 R_A，筒的长度为 l，且 $l >> (R_B - R_A)$ 时，电容的表达式如下：

$$C = \frac{2\pi\varepsilon_0 l}{\ln\left(\dfrac{R_B}{R_A}\right)} \tag{6-2}$$

于是有：

$$Q = \frac{2\pi\varepsilon_0 l}{\ln\left(\dfrac{R_B}{R_A}\right)} \times U \tag{6-3}$$

式中 Q——杆所带的电荷量，C；

U——外加偏压，V；

ε_0——真空中的介电常数，$\varepsilon_0 = 8.85 \times 10^{-12} \mathrm{C}^2/(\mathrm{N \cdot m}^2)$；

l——筒的长度，mm；

R_B——筒壁的半径，mm；

R_A——转动轴的半径，$R_A = 10\mathrm{mm}$。

通过式（6-3）可知，实现了 C、Q、U 三者的转化。

6.3　带电粒子受力分析及其速度和位移计算

设带电粒子沿 ρ 轴方向的速度为 v_ρ，z 轴方向的速度为 v_z，那在 E_ρ、E_z 作用下，带电粒子的受力为：

$$F_\rho = E_\rho q$$

$$F_z = E_z q$$

式中　F_ρ，F_z——ρ、z 方向的受力；

　　　E_ρ，E_z——ρ、z 方向的电场强度；

　　　q——带电粒子的电量。

设 Δt 为很小的时间间隔，则可以认为在 Δt 时间内带电粒子的受力为恒力，也就是在这段时间内加速度为恒值，带电粒子做匀变速直线运动。

设带电粒子的初速度分别为 v_{ρ_0}、v_{z_0}，初始坐标为 $\rho = z = 0$。因为初始坐标已知，那么在此点的电场强度也就知道，所以各方向的受力就已知。

经过 Δt 后，速度如下：

$$v_{\rho_1} = v_{\rho_0} + E_\rho q \Delta t / m$$

$$v_{z_1} = v_{z_0} + E_z q \Delta t / m$$

经过 Δt 后，位移如下：

$$\rho_1 = v_{\rho_0} \Delta t + 1/2 E_\rho q \Delta t^2 / m + \rho_0$$

$$z_1 = v_{z_0} \Delta t + 1/2 E_z q \Delta t^2 / m + z_0$$

式中　m——带电粒子的质量。

这样就知道带电粒子在电场力作用下的轴向和径向的距离变化。下一步把（ρ_1，z_1）作为下一个 Δt 时间的起点，（ρ_1，z_1），（v_{ρ_1}，v_{z_1}）都已知，由此可得出经过 Δt 后的速度和位移，同理再经过 Δt，带电粒子速度和位移又可计算出，这样循环下去，就可得到带电粒子在电场中运动的一系列速度和位移的值。

6.4　模拟带电粒子运动轨迹

模拟带电粒子在电场中的运动轨迹，实际上就是把前面所得的带电粒子在电场中运动经过的点在相应的坐标系内描绘出来。

在一定的假设基础上完成了模型的建立，以上的计算经过反复的检验证明是准确无误的。

7 程序的编制

7.1 模拟内容

模拟内容分为:

(1) 在一定假设的基础上, 首先把合金源靶上带电粒子的蒸发从宏观和微观方面进行模拟。

(2) 然后对圆柱形镀膜室—偏压电场进行模拟, 通过坐标系来反映电场强度的分布及粒子在偏压电场内运动的情况。

(3) 进而研究偏压电场中不同带电粒子的运动特性。

(4) 最后对带电粒子在基片上的吸附过程进行模拟 (薄膜的生长过程在此不研究)。

7.2 软件介绍

本软件采用了 Visual C + +语言编写, 设计了精美的软件界面, 采用了大量的对话框、消息框、工具栏和状态栏, 有利于提醒软件用户在使用软件时正确输入参数, 以及告知用户软件运行的情况等, 结构简单, 操作方便。

本软件以全新的方法从定量、半定量的角度细致地描绘了多弧离子镀沉积的全过程, 其结果与实际情况是较为一致的。它对于探索多弧离子镀中带电粒子在电场中的运动具有一定意义。

7.3 程序语言介绍

7.3.1 面向对象的程序设计

面向对象的程序设计 (Object – Oriented Programming, OOP) 是将数据及数据的操作相结合, 作为一个相互依存、不可分割的整体来处理。它采用数据抽象和信息隐藏技术，将对象及对象的操作抽象成一种新的数据类型——类，同时考虑不同对象之间的联系和对象类的重用性，概括为"对象＋消息＝面向对象的程序"。

OOP 立意于创建软件重用代码，具备更好地模拟现实世界环境的能力，这使它被公认为是自上而下编程的优胜者。它通过给程序中加入扩展语句，把函数"封装"进 Windows 编程所必需的"对象"中。面向对象的编程语言使得复杂的工作条理清晰、编写容易。

面向对象技术近年来发展迅速，它被广泛地应用到计算机研究与应用的各个方面，如文件处理、操作系统设计、多媒体技术、网络与数据库开发等。用面向对象技术进行程序设计、开发软件已经成为一种时尚。这种技术从根本上改变了人们以往设计软件的思维方式，从而使程序设计者可以最大限度地摆脱烦琐的数据格式和冗长的研发过程，将精力集中在对要处理的对象的设计和研究上，大大提高了软件开发的效率。

7.3.2　Visual C 语言介绍

本设计将采用 Visual C 语言来实现模拟过程。

Visual C＋＋应用程序是采用 C＋＋语言编写的。C＋＋语言在 C 语言的基础上进行了改进与扩充，是一种面向对象的程序设计语言。它是目前最主要的应用开发系统之一。

Visual C 语言不仅是 C 语言的集成开发环境，而且与 W32 紧密相连，所以利用 Visual C 语言可以完成各种各样的程序开发，从底层软件直到上层直接面向用户的软件。而且 Visual C 语言是一个很好的可视化编程工具，能很好地对软件开发阶段的可视化和对计算机图形技术等方法进行应用。结合 Visual C 语言在图形处理、函数调用、过程控制中的优秀点，用图形和动画进行了合理的模拟，把镀膜过程形象的展现出来。

7.3.3　程序设计基本步骤

程序设计方法包括 3 个基本步骤。

第一步，分析问题。

（1）确定输出的变量。

（2）确定输入的变量。

（3）研制一种算法，从有限步的输入中获取输出。这种算法定义为结构化的顺序操作，以便在有限步内解决问题。就数字问题而言，这种算法包括获取输出的计算；但对非数字问题来说，这种算法包括许多文本和图像处理操作。

第二步，画出程序的基本轮廓。

在这一步，要用一些句子（伪代码）来画出程序的基本轮廓。每个句子对应一个简单的程序操作。对一个简单的程序来说，通过列出程序顺序执行的动作，便可直接产生伪代码。然而，对复杂一些的程序来说，则需要将大致过程有条理地进行组织。对此应使用自上而下的设计方法。实际上就是说，设计程序是从程序的"顶部"开始一直考虑到程序的"底部"。

主模块的设计。当使用自上而下的设计方法时，要把程序分割成几段来完成。列出每段要实现的任务，程序的轮廓也就有了，这称之为主模块。当一项任务列在主模块时，仅用其名加以标识，并未指出该任务将如何完成。这方面的内容留给程序设计的下一阶段来讨论。将程序分为几项任务只是对程序的初步设计。

子模块的设计。如果把主模块的每项任务扩展成一个模块，并根据子任务进行定义的话，那么程序设计就更为详细了，这些模块称为主模块的子模块。程序中许多子模块之间的关系归结为一张图，这种图称为结构图。

子模块求精要画出模块的轮廓，可不考虑细节。如果这样的话，必须使用子模块，将各个模块求精，达到第三级设计。继续这一过程，直至说明程序的全部细节。这一级一级的设计过程称为逐步求精法。在编写程序之前，对程序进行逐步求精，这是很好的程序设计实践，可以养成良好的设计习惯。

第三步，实现该程序。

（1）编写源码程序。

（2）测试和调试程序。

（3）提供数据打印结果。

程序设计的最后一步是编写。在这一步，把模块的伪代码翻译成 Visual C++语句。对于源程序，应包含注释方式的文件编制，以描述程序各个部分做何种工作。此外，源程序还应包含调试程序段，以测试程序的运行情况，并允许查找编程错误。一旦程序运行情况良好，可去掉调试程序段，然而，文件编制应作为源程序的固定部分保留下来，便于后期的维护和修改。

7.4 系统框架图

系统框架如图 7-1 所示。

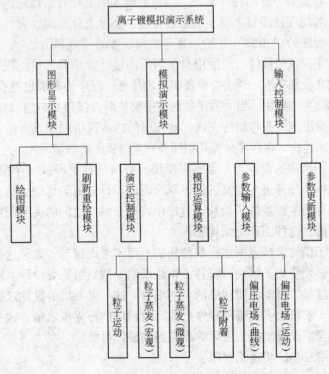

图 7-1 系统框架

7.5 系统流程图

系统流程如图 7 - 2 所示。

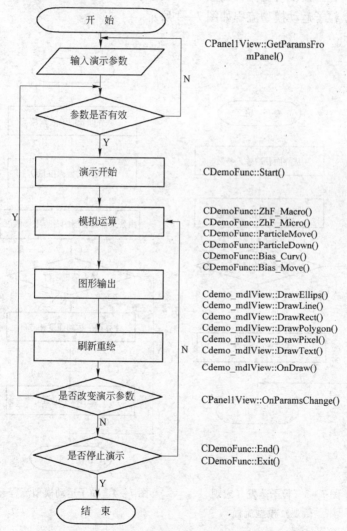

CPanel1View::GetParamsFromPanel()

CDemoFunc::Start()

CDemoFunc::ZhF_Macro()
CDemoFunc::ZhF_Micro()
CDemoFunc::ParticleMove()
CDemoFunc::ParticleDown()
CDemoFunc::Bias_Curv()
CDemoFunc::Bias_Move()

Cdemo_mdlView::DrawEllips()
Cdemo_mdlView::DrawLine()
Cdemo_mdlView::DrawRect()
Cdemo_mdlView::DrawPolygon()
Cdemo_mdlView::DrawPixel()
Cdemo_mdlView::DrawText()

Cdemo_mdlView::OnDraw()

CPanel1View::OnParamsChange()

CDemoFunc::End()
CDemoFunc::Exit()

图 7 - 2 系统流程

（各个演示模块的流程图都类似，右边的文字是与图中模块相对应的函数名）

7.6 算法流程图

粒子蒸发模型流程如图 7-3 所示。

粒子运动模型流程如图 7-4 所示。

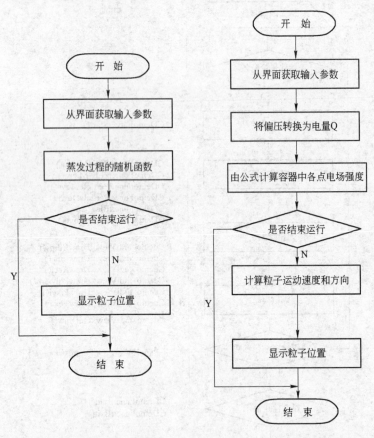

图 7-3 粒子蒸发（宏观、 图 7-4 粒子运动模型流程
微观）模型流程

偏压电场分布流程如图 7-5 所示。

粒子在偏压电场下运动流程如图 7-6 所示。

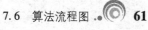

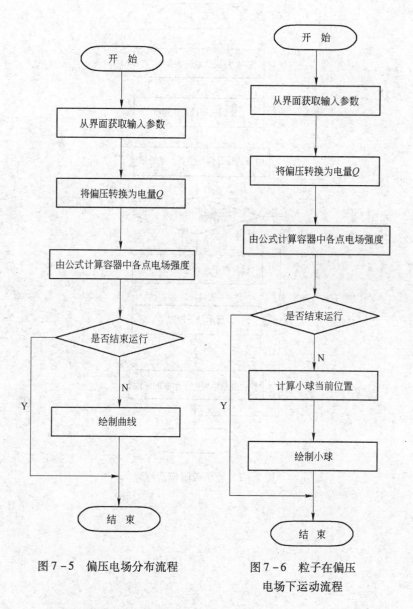

图 7 - 5 偏压电场分布流程

图 7 - 6 粒子在偏压
电场下运动流程

粒子吸附模型流程如图 7 - 7 所示。

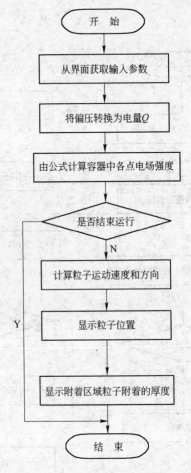

图 7-7 粒子吸附模型流程

8　粒子蒸发过程模拟

8.1　粒子蒸发宏观过程

调用随机函数，在赋予粒子初始动能的基础上，建立空间方向的随机分布，得到粒子在真空室内的宏观模型，模拟了镀膜粒子的蒸发情况。该模型对应于不加偏压电场的情况。

8.1.1　单一元素靶材

（1）输入参数：

单位面积能量：10000eV

单位面积数量：50 个

真空镀膜室：长度 500mm

半径 250mm

合金源靶：合金名称 Ti

元素种类 1

长度 $L = 60\text{mm}$

角度 $\alpha = 25°$

偏移坐标 $D_1 = 200\text{mm}$

元素：

元素名称 Ti

相对原子质量 48

质量分数 100%

（2）粒子蒸发宏观过程的模拟结果如图 8 – 1 所示。

8.1.2　二元合金靶材

（1）输入参数：

单位面积能量：10000eV

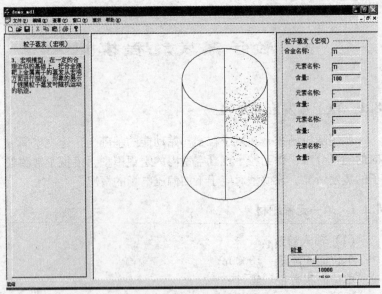

图 8 - 1 Ti 粒子蒸发的宏观过程

单位面积数量：50 个

真空镀膜室：长度 500mm

　　　　　　半径 250mm

合金源靶：合金名称 Ti - Al

　　　　　元素种类 2

　　　　　长度 $L = 60$mm

　　　　　角度 $\alpha = 25°$

　　　　　偏移坐标 $D_1 = 200$mm

第一种元素：

　　　　　　元素名称 Ti

　　　　　　相对原子质量 48

　　　　　　质量分数 50%

第二种元素：

　　　　　　元素名称 Al

　　　　　　相对原子质量 27

质量分数 50%

（2）粒子蒸发宏观过程的模拟结果如图 8 – 2 所示。

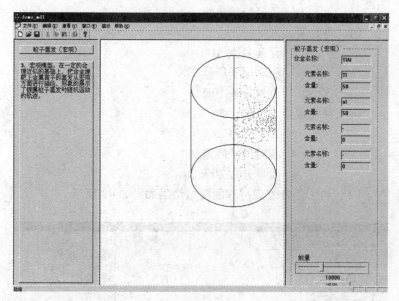

图 8 – 2 Ti – Al 粒子蒸发的宏观过程

8.1.3 多元合金靶材

（1）输入参数：

单位面积能量 10000eV

单位面积数量：50 个

真空镀膜室：长度 500mm

半径 250mm

合金源靶：合金名称 Ti – Al – Zr

元素种类 3

长度 $L = 60$mm

角度 $\alpha = 25°$

偏移坐标 $D_1 = 200$mm

第一种元素：

元素名称 Ti

相对原子质量 48

质量分数 70%

第二种元素：

元素名称 Al

相对原子质量 27

质量分数 10%

第三种元素：

元素名称 Zr

相对原子质量 90

质量分数 20%

（2）粒子蒸发宏观过程的模拟结果如图 8 – 3 所示。

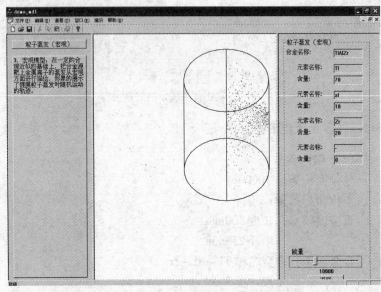

图 8 – 3　Ti – Al – Zr 粒子蒸发的宏观过程

8.2　粒子蒸发微观过程

在一定假设的基础上，把合金源靶上金属离子的蒸发从微观

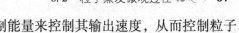

方面进行描绘，通过控制能量来控制其输出速度，从而控制粒子蒸发的数量。

8.2.1 单一元素靶材

（1）输入参数：

单位面积能量：10000eV

单位面积数量：50 个

合金源靶：合金名称 Ti

元素种类 1

元素：

元素名称 Ti

相对原子质量 48

质量分数 100%

（2）粒子蒸发微观过程的模拟结果如图 8 - 4 所示。

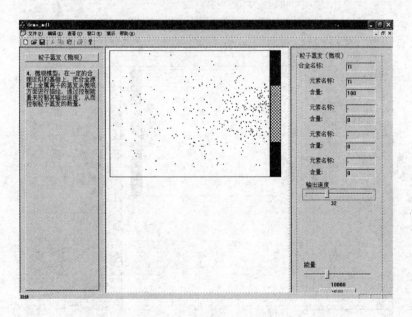

图 8 - 4 Ti 粒子蒸发的微观过程

8.2.2 二元合金靶材

(1) 输入参数：

单位面积能量：10000eV

单位面积数量：50 个

合金源靶：合金名称 Ti – Al

元素种类 2

第一种元素：

元素名称 Ti

相对原子质量 48

质量分数 50%

第二种元素：

元素名称 Al

相对原子质量 27

质量分数 50%

(2) 粒子蒸发微观过程的模拟结果如图 8 – 5 所示。

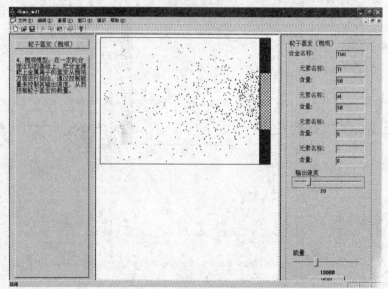

图 8 – 5　Ti – Al 粒子蒸发的微观过程

8.2.3 多元合金靶材

（1）输入参数：

单位面积能量：10000eV

单位面积数量：50 个

合金源靶：合金名称 Ti – Al – Zr

元素种类 3

长度 $L = 60mm$

角度 $\alpha = 25°$

偏移坐标 $D_1 = 200mm$

第一种元素：

元素名称 Ti

相对原子质量 48

质量分数 70%

第二种元素：

元素名称 Al

相对原子质量 27

质量分数 10%

第三种元素：

元素名称 Zr

相对原子质量 90

质量分数 20%

（2）粒子蒸发微观过程的模拟结果如图 8 – 6 所示。

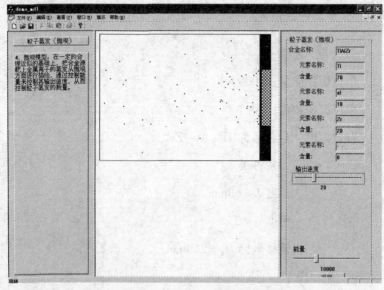

图 8-6 Ti-Al-Zr 粒子蒸发的微观过程

9 偏压电场分布情况模拟

9.1 偏压电场分布曲线

在一定的假设的基础上,对圆柱形镀膜室—偏压电场进行模拟。在数学模型的基础上,展示出偏压电场在镀膜室内的空间分布。结果表明,偏压电场对不同合金元素产生的影响作用不同。本软件的设计为更直观地反映这一情况,就加入了对其放大倍数的考虑,可以放大到几千倍来观察。

(1)输入参数:

偏压:200V

长度:500mm

半径:250mm

坐标:$x = 100$mm

$y = 150$mm

(2)偏压电场强度分布曲线如图 9 – 1 所示。

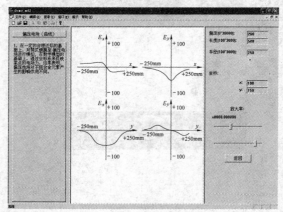

图 9 – 1　偏压电场强度分布曲线

9.2 一个粒子在偏压电场内的运动

在一定假设的基础上，对圆柱形镀膜室—偏压电场进行模拟，反映粒子在偏压电场内运动的情况。不同的带电粒子在偏压电场内的运动轨迹，在不同的偏压和速度下有不同的效果。

情况 1

（1）输入参数：

偏压：200V

相对原子质量：48

距离：200

电荷：1

速度：$v_x = 8 \times 10^6 \text{m/s}$

　　　$v_y = 3 \times 10^6 \text{m/s}$

（2）一个粒子在偏压电场内的运动情况如图 9 – 2 所示。

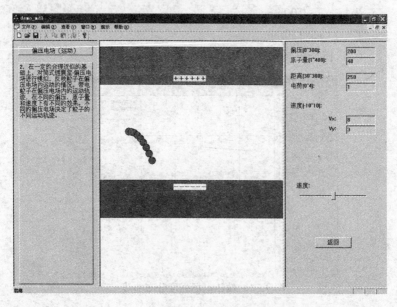

图 9 – 2　一个粒子在偏压电场内的运动情况 1

情况 2

改变输入参数，速度，其余参数同图 9 - 2，观察变化。

（1）输入参数：

速度：$v_x = 8 \times 10^6 \, \text{m/s}$

$v_y = 2 \times 10^6 \, \text{m/s}$

（2）一个粒子在偏压电场内的运动情况如图 9 - 3 所示。

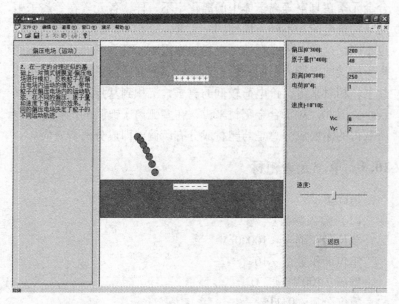

图 9 - 3 一个粒子在偏压电场内的运动情况 2

10 粒子运动过程模拟

在一定近似的基础上，对粒子运动过程进行模拟，研究偏压电场中的不同带电粒子在电场力作用下的运动特性。由于不同的合金元素在真空等离子体中的离化率不一样，各元素在等离子中的平均价电荷态不同，即使同一元素，处在不同的电离态的几率也不同，这样一来，在偏压电场的作用下，具有不同价电荷态的离子所受的电场力不同。价电荷态较高的离子，更容易吸附在基片上；相对来讲，价电荷较低的离子，沉积到基片上的几率就比较小。因此，对于合金靶材来讲，在多弧离子镀膜的沉积过程中所获得的涂层成分总是与靶材成分有所偏差即成分离析效应。

10.1 单一元素靶材

情况 1

（1）输入参数：

单位面积能量：10000eV

单位面积数量：10 个

偏压：100V

氮气分压：0.1Pa

真空镀膜室：长度 500mm

半径 250mm

合金源靶：合金名称 Ti

元素种类 1

长度 $L = 60mm$

角度 $\alpha = 25°$

偏移坐标 $D_1 = 200mm$

接受面积：长度 100mm

　　　　　半径 50mm

　　　　　偏移坐标 200mm

　　　元素：

　　　　　元素名称 Ti

　　　　　相对原子质量 48

　　　　　质量分数 100%

　　　　　最高化合价 +4

化合价	质量分数
+0	50%
+1	20%
+2	10%
+3	10%
+4	10%

　　（2）粒子运动过程的模拟结果 Ti 粒子的运动过程（一）如图10-1所示。

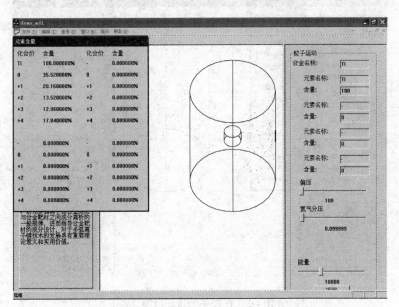

图10-1　Ti 粒子的运动过程（一）

情况 2

改变输入参数，单位面积数量和化合价的质量分数，其余参数同图 10 – 1，观察变化。

（1）输入参数：

单位面积数量：50 个

最高化合价： +4

化合价	质量分数
+0	30%
+1	20%
+2	10%
+3	10%
+4	30%

（2）粒子运动过程的模拟结果 Ti 粒子的运动过程（二）如图10 – 2所示。

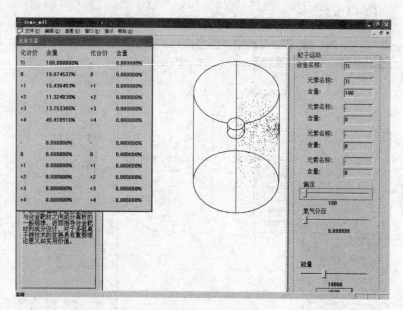

图 10 – 2　Ti 粒子的运动过程（二）

情况3

改变输入参数，偏压大小，其余参数同图 10-2，观察变化。

（1）输入参数：

偏压：200V

氮气分压：0.1Pa

（2）粒子运动过程的模拟结果 Ti 粒子的运动过程（三）如图10-3所示。

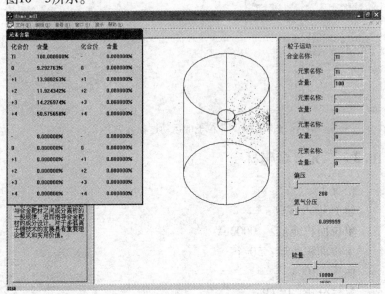

图 10-3 Ti 粒子的运动过程（三）

情况4

改变输入参数，氮气分压大小，其余参数同图10-3，观察变化。

（1）输入参数：

偏压：200V

氮气分压：0.2Pa

（2）粒子运动过程的模拟结果 Ti 粒子的运动过程（四）如图10-4所示。

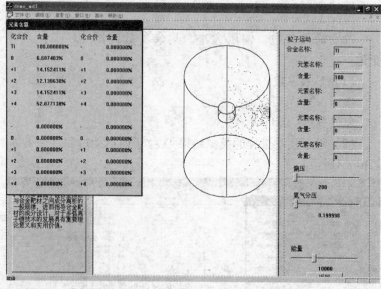

图 10 - 4 Ti 粒子的运动过程（四）

10.2 二元合金靶材

情况 1

（1）输入参数：

单位面积能量：10000eV

单位面积数量：50 个

偏压：100V

氮气分压：0.1Pa

真空镀膜室：长度 500mm

半径 250mm

合金源靶：合金名称 Ti - Al

元素种类 2

长度 $L = 60$mm

角度 $\alpha = 25°$

偏移坐标 $D_1 = 200$mm

接受面积：长度 20mm

半径 10mm

偏移坐标 200mm

第一种元素：

元素名称 Ti

相对原子质量 48

质量分数 50%

最高化合价 +3

化合价	质量分数
+0	0%
+1	6%
+2	82%
+3	12%
+4	0%

第二种元素：

元素名称 Al

相对原子质量 27

质量分数 50%

最高化合价 +3

化合价	质量分数
+0	0%
+1	56%
+2	39%
+3	5%
+4	0%

（2）粒子运动过程的模拟结果。

Ti – Al 粒子的运动过程 1 如图 10 – 5 所示。

Ti – Al 粒子的运动过程 2 如图 10 – 6 所示。

Ti – Al 粒子的运动过程 3 如图 10 – 7 所示。

情况 2

改变输入参数，接受面积大小，其余参数同图 10 – 5 ~ 图

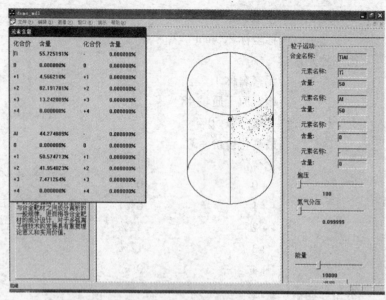

图 10-5 Ti-Al 粒子的运动过程 1

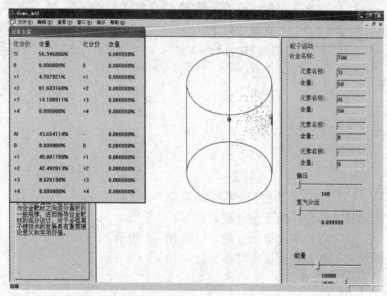

图 10-6 Ti-Al 粒子的运动过程 2

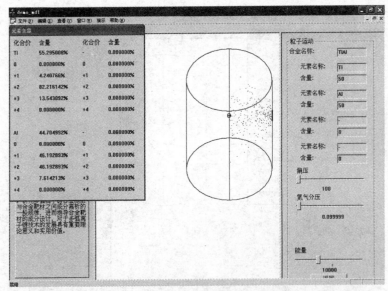

图 10 –7　Ti – Al 粒子的运动过程 3

10 –7，观察变化。

（1）输入参数：

接受面积：长度 200mm

半径 100mm

偏移坐标 200mm

（2）粒子运动过程的模拟结果。

Ti – Al 粒子的运动过程 1 如图 10 –8 所示。

Ti – Al 粒子的运动过程 2 如图 10 –9 所示。

Ti – Al 粒子的运动过程 3 如图 10 –10 所示。

情况 3

改变输入参数，偏压大小，其余参数同图 10 –8 ~ 图 10 – 10，观察变化。

（1）输入参数：

偏压：200V

氮气分压：0.1Pa

（2）Ti – Al 粒子的运动过程 4 如图 10 –11 所示。

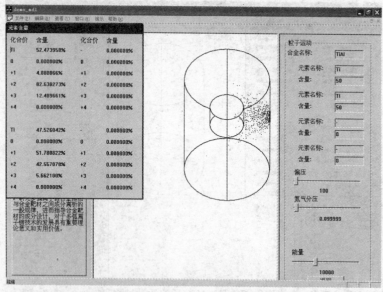

图 10 - 8　Ti - Al 粒子的运动过程 1

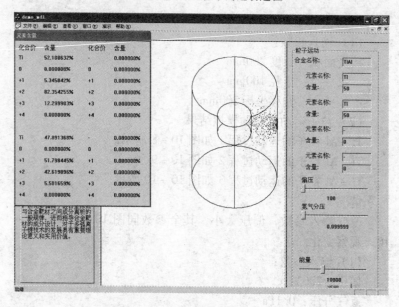

图 10 - 9　Ti - Al 粒子的运动过程 2

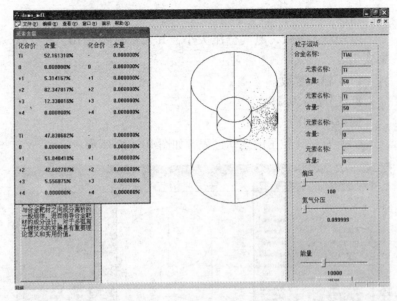

图 10 – 10 Ti – Al 粒子的运动过程 3

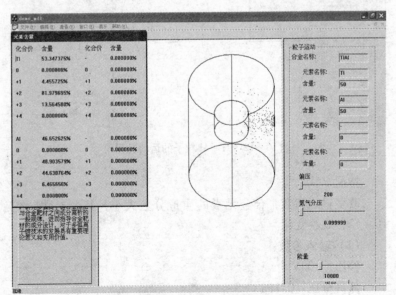

图 10 – 11 Ti – Al 粒子的运动过程 4

情况 4

改变输入参数，氮气分压大小，其余参数同图 10 - 11，观察变化。

（1）输入参数：

氮气分压：0.2Pa

偏压：200V

（2）Ti - Al 粒子的运动过程 5 如图 10 - 12 所示。

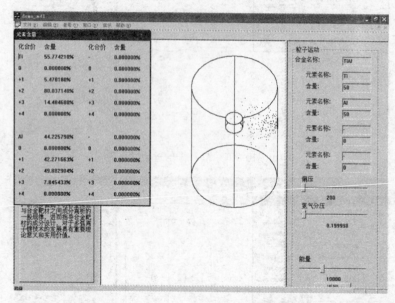

图 10 - 12 Ti - Al 粒子的运动过程 5

情况 5

改变输入参数，合金元素的质量分数大小，其余参数同图 10 - 12，观察变化。

（1）输入参数：

偏压：100V

氮气分压：0.1Pa

第一种元素：

元素名称 Ti

相对原子质量 48

质量分数 70%

最高化合价 +3

化合价　质量分数

+0　　　0%

+1　　　6%

+2　　　82%

+3　　　12%

+4　　　0%

第二种元素：

元素名称 Al

相对原子质量 27

质量分数 30%

最高化合价 +3

化合价　质量分数

+0　　　0%

+1　　　56%

+2　　　39%

+3　　　5%

+4　　　0%

（2）Ti－Al 粒子的运动过程 6 如图 10－13 所示。

情况 6

改变输入参数，能量密度（单位面积能量）大小，其余参数同图 10－13，观察变化。

（1）输入参数：

单位面积能量：20000eV

偏压：100V

氮气分压：0.1Pa

（2）Ti－Al 粒子的运动过程 7 如图 10－14 所示。

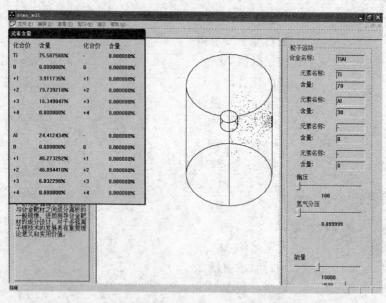

图 10 – 13　Ti – Al 粒子的运动过程 6

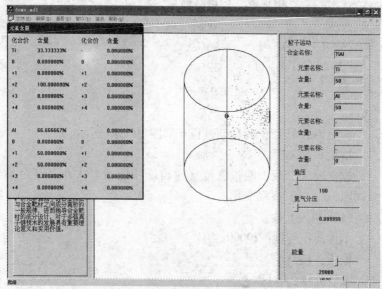

图 10 – 14　Ti – Al 粒子的运动过程 7

情况 7

改变输入参数，粒子密度（单位面积数量）大小，其余参数同图 10-14，观察变化。

（1）输入参数：

单位面积数量：100 个

偏压：100V

氮气分压：0.1Pa

（2）Ti-Al 粒子的运动过程 8 如图 10-15 所示。

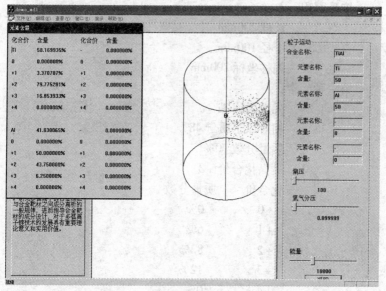

图 10-15   Ti-Al 粒子的运动过程 8

10.3   多元合金靶材

情况 1

（1）输入参数：

单位面积能量：10000eV

单位面积数量：50 个

偏压：100V

氮气分压: 0.1Pa

真空镀膜室: 长度 500mm
半径 250mm

合金源靶: 合金名称 Ti – Al – Zr
元素种类 3
长度 $L = 60$mm
角度 $\alpha = 25°$
偏移坐标 $D_1 = 200$mm

接受面积:

长度 200mm
半径 100mm
偏移坐标 200mm

第一种元素:

元素名称 Ti
相对原子质量 48
质量分数 70%
最高化合价 +3

化合价	质量分数
+0	0%
+1	6%
+2	82%
+3	12%
+4	0%

第二种元素:

元素名称 Al
相对原子质量 27
质量分数 10%
最高化合价 +3

化合价	质量分数
+0	0%
+1	56%

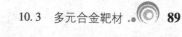

+2	39%
+3	5%
+4	0%

第三种元素：

元素名称 Zr

相对原子质量 90

质量分数 20%

最高化合价 +4

化合价	质量分数
+0	0%
+1	9%
+2	55%
+3	30%
+4	6%

（2）粒子运动过程的模拟结果。

Ti – Al – Zr 粒子的运动过程 1 如图 10 – 16 所示。

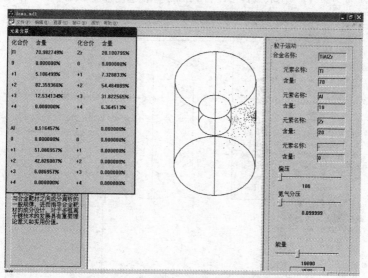

图 10 – 16　Ti – Al – Zr 粒子的运动过程 1

Ti – Al – Zr 粒子的运动过程 2 如图 10 – 17 所示。

Ti – Al – Zr 粒子的运动过程 3 如图 10 – 18 所示。

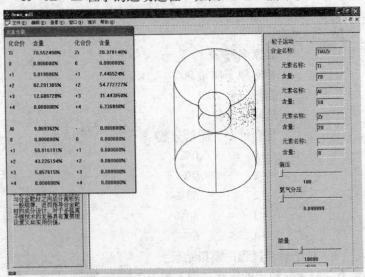

图 10 – 17　Ti – Al – Zr 粒子的运动过程 2

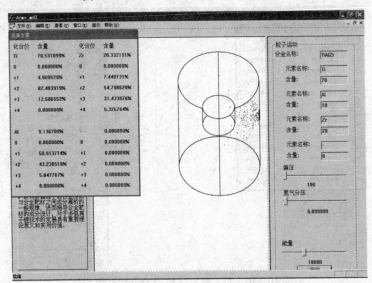

图 10 – 18　Ti – Al – Zr 粒子的运动过程 3

情况 2

改变输入参数，偏压大小，其余参数同图 10 – 16 ~ 图 10 – 18，观察变化。

（1）输入参数：

偏压：200V

氮气分压：0.1Pa

（2）Ti – Al – Zr 粒子的运动过程 4 如图 10 – 19 所示。

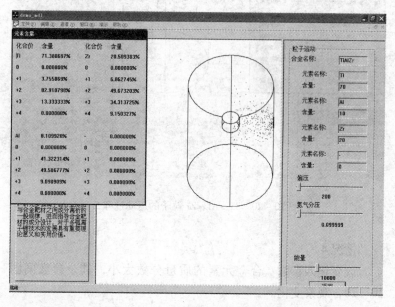

图 10 – 19 Ti – Al – Zr 粒子的运动过程 4

情况 3

改变输入参数，氮气分压大小，其余参数同图 10 – 19，观察变化。

（1）输入参数：

偏压：200V

氮气分压：0.2Pa

（2） Ti – Al – Zr 粒子的运动过程 5 如图 10 – 20 所示。

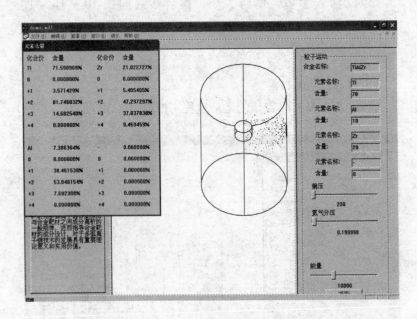

图 10 – 20 Ti – Al – Zr 粒子的运动过程 5

情况 4

改变输入参数：合金元素的质量分数大小，其余参数同图 10 – 20，观察变化。

（1） 输入参数：

偏压：100V

氮气分压：0.1Pa

第一种元素：

元素名称 Ti

相对原子质量 48

质量分数 60%

最高化合价 +3

化合价	质量分数
+0	0%
+1	6%
+2	82%
+3	12%
+4	0%

第二种元素：

元素名称 Al

相对原子质量 27

质量分数 10%

最高化合价 +3

化合价	质量分数
+0	0%
+1	56%
+2	39%
+3	5%
+4	0%

第三种元素：

元素名称 Zr

相对原子质量 90

质量分数 30%

最高化合价 +3

化合价	质量分数
+0	0%
+1	35%
+2	40%
+3	25%
+4	0%

（2）Ti – Al – Zr 粒子的运动过程 6 如图 10 –21 所示。

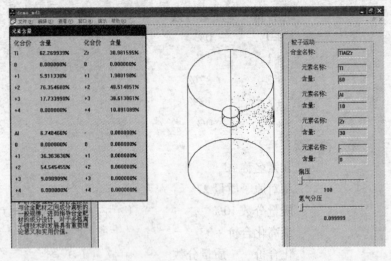

图 10 – 21　Ti – Al – Zr 粒子的运动过程 6

11 粒子吸附过程模拟

在一定假设的基础上，对带电粒子在基片上的吸附过程进行模拟，形象展示粒子吸附的情况。

11.1 单一元素靶材

（1）单一元素靶材输入参数：

单位面积能量：10000eV

单位面积数量：50 个

偏压：200V

氮气分压：0.1Pa

合金源靶：合金名称 Ti

　　　　　元素种类 1

元素：

　　　　　元素名称 Ti

　　　　　相对原子质量 48

　　　　　质量分数 100%

（2）Ti 粒子的吸附过程如图 11 - 1 所示。

11.2 二元合金靶材

（1）二元合金靶材输入参数：

单位面积能量：10000eV

单位面积数量：50 个

偏压：200V

氮气分压：0.1Pa

合金源靶：合金名称 Ti - Al

　　　　　元素种类 2

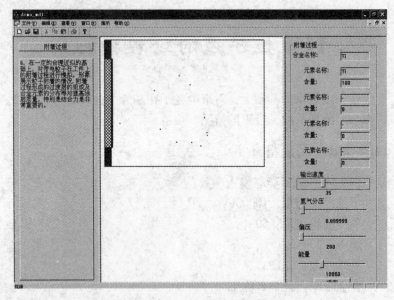

图 11 - 1　Ti 粒子的吸附过程

　　第一种元素：

　　　　　　　　元素名称 Ti
　　　　　　　　相对原子质量 48
　　　　　　　　质量分数 50%

　　第二种元素：

　　　　　　　　元素名称 Al
　　　　　　　　相对原子质量 27
　　　　　　　　质量分数 50%

（2）Ti - Al 粒子吸附过程的模拟结果如图 11 - 2 所示。

11.3　多元合金靶材

（1）多元合金靶材输入参数：

单位面积能量：10000eV

单位面积数量：50 个

偏压：200V

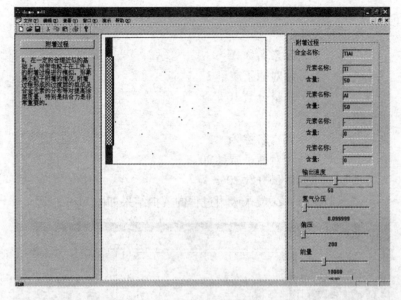

图 11 - 2　Ti - Al 粒子的吸附过程

氮气分压：0.1Pa

真空镀膜室：长度 500mm

半径 250mm

合金源靶：合金名称 Ti - Al - Zr

元素种类 3

长度 $L = 60$mm

角度 $\alpha = 25°$

偏移坐标 $D_1 = 200$mm

接受面积：长度 200mm

半径 100mm

偏移坐标 200mm

第一种元素：

元素名称 Ti

相对原子质量 48

质量分数 70%

第二种元素：

元素名称 Al

相对原子质量 27

质量分数 10%

第三种元素：

元素名称 Zr

相对原子质量 90

质量分数 20%

（2）Ti – Al – Zr 粒子吸附过程的模拟结果如图 11 – 3 所示。

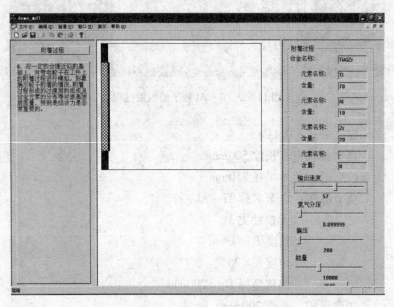

图 11 – 3　Ti – Al – Zr 粒子的吸附过程

12 模拟结果的讨论与验证

本研究通过对圆柱形镀膜室——偏压电场的模拟，用曲线图表明电场强度 E 和两坐标轴 ρ 与 z 的关系，设计对称的粒子接收屏（与实际镀膜实验中的基片相当），讨论偏压电场对不同粒子的运动特性，得出多弧离子镀涂层成分及其均匀性的影响因素，并研究出合金靶材中不同粒子的接收相对比例，得出成分离析效应的影响因素。

12.1 偏压电场及其分布情况

图 12-1 所示为偏压电场的分布情况，通过坐标系来反映该点与电场强度 E 的关系，这是建立在上述的数学模型的基础上的。电场强度的分布是在 $x = 100\text{mm}$ 和 $y = 150\text{mm}$ 的情况下的。

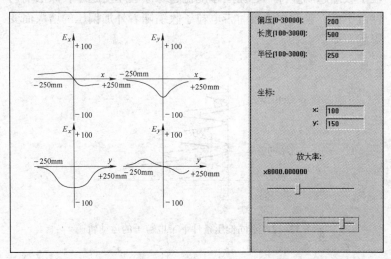

图 12-1　偏压电场在 $x = 100\text{mm}$ 和 $y = 150\text{mm}$ 的分布曲线

输入参数：

电压：200V

长度：500mm

半径：250mm

坐标：$x = 100$mm

　　　 $y = 150$mm

12.2 偏压对涂层均匀性的影响

通过上述曲线可得到带电粒子在电场中运动的一系列速度和位移的值，然后模拟带电粒子在电场中的运动轨迹，实际上就是把前面所得的带电粒子在电场中运动经过的点在相应的坐标系内描绘出来。

图 12-2 所示为在不同偏压条件下带电粒子的运动轨迹，从图中可以看出，在相同条件下，偏压越大，电场强度越强，带电粒子收缩越明显即中心涂层厚度比边缘涂层厚度越厚，涂层均匀性越不好，说明在镀膜时带电粒子收缩随着外加偏压的增大而变得越严重。

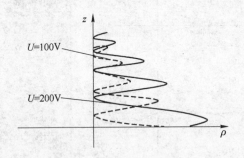

图 12-2 不同偏压条件下带电粒子的运动轨迹

从以上可知，模拟出的带电粒子的运动轨迹在电场作用下具有收缩现象，这与在实验中发现多弧离子镀涂层均匀性随着电场强度的增加而变差相符。

12.3 成分离析效应分析

在多弧离子镀合金涂层中，由于不同的合金元素在真空等离子体中的离化率不一样，各元素在等离子中的平均价电荷态不同，即使同一元素，处在不同的电离态的几率也不同，这样一来，在偏压电场的作用下，具有不同价电荷态的离子所受的电场力不同。因此，对于合金靶材来讲，在多弧离子镀膜的沉积过程中所获得的涂层成分总是与靶材成分有所偏差即成分离析效应。成分离析效应主要受合金靶材的成分变化和偏压大小的影响。成分离析效应通常是用离子的平均价态来计算。

12.3.1 成分离析效应的影响因素

12.3.1.1 成分离析与合金靶材的组成元素及其质量分数的关系

成分离析与合金靶材的组成元素有关，例如对于 Fe – Ni 合金的靶材，涂层成分与靶材成分是基本相同的；对于 Ti – Al，(Ti，Al)N，(Ti，Al，Zr)N 等合金的靶材，涂层成分与靶材成分是存在着离析效应的。

一般说来，对于二元合金材料，熔点较高的组元和气体分压较高的组元在涂层中的百分质量分数要高于靶材；而熔点较低的组元和气体分压较低的组元在涂层中的百分质量分数要低于靶材；对于相同的组元的二元合金，各组元的相对质量分数的差别也将导致成分离析程度的差别，例如，增大低熔点组元在靶材中的百分质量分数可以减少其在涂层中损失的百分质量分数，即减弱离析程度。

对于多元合金材料，熔点最高的组元和气体分压最高的组元往往在涂层中的百分质量分数要高于靶材；而熔点最低的组元和气体分压最低的组元在涂层中的百分质量分数要低于靶材；熔点介于中间的组元，在涂层中的百分质量分数可能高于靶材，也可能低于靶材，这与各组元的相对百分质量分数有关。

12.3.1.2 成分离析效应与沉积工艺参数的关系

成分离析效应与沉积工艺参数有关，其中最重要的起决定作用的影响参数为基片负偏压。基片偏压为零时，涂层成分与靶材成分是基本相同的。但随基片负偏压的增大时，由数学模型可知：离子的定向移动速度和能量提高及中性原子（团）碰撞次数减少。那些离化率高的组元往往在涂层中的百分质量分数单调增加，而那些离化率低的组元往往在涂层中的百分质量分数单调降低，所以偏压的增加增大了成分离析的程度。并且在一定范围内，随负偏压的增大，成分离析现象在一定程度上加剧。

另外，随着氮气分压的增加，在一定程度上使等离子体中易于离化的组元的电离几率得更大，从而使得这些组元的离子数比例增加，更容易在负偏压基片上沉积，使得成分离析现象在一定程度上加剧，但是这种影响是较小的。氮气分压对离析程度的影响是以一定偏压电场存在为前提的。

通常在涂层表面会产生一些小液滴。当偏压不变时，小液滴的成分与靶材的成分是相同的。

12.3.2 成分离析效应的效果

成分离析效应的一些效果，可归纳如下。

12.3.2.1 单一元素组成的靶材

（1）对于单一元素组成的靶材粒子，一般说来价态低的产生负离析，价态高的产生正离析。如图 10 - 1 所示，0 价的产生了负离析，而 + 1 价、+ 2 价、+ 3 价、+ 4 价的都产生了正离析。

（2）对于单一元素组成的靶材粒子，电荷态越高，越容易产生正离析，电荷态越低，越容易产生负离析。如图 10 - 2 所示，0 价的产生负离析，从 30% 降低到 10.07%；+ 1 价的产生

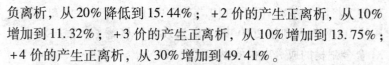

负离析，从 20% 降低到 15.44%；+2 价的产生正离析，从 10%
增加到 11.32%；+3 价的产生正离析，从 10% 增加到 13.75%；
+4 价的产生正离析，从 30% 增加到 49.41%。

（3）对于单一元素组成的靶材粒子，中间价态的可能产生
负离析，也可能产生正离析，这就是由于不同价态的离子所占的
百分质量分数所决定的。

（4）对于单一元素组成的靶材粒子，偏压在一定程度上增
大了离析的趋势。对比图 10-2 和图 10-3 可知，当偏压从
100V 增大到了 200V 时，离析效应更显著了，偏压对 Ti 靶的成
分离析的影响见表 12-1。

表 12-1　偏压对 Ti 靶的成分离析的影响

价态	弧源离子比例（质量分数）/%	100V		200V	
		涂层粒子比例（质量分数）/%	变化比例/%	涂层粒子比例（质量分数）/%	变化比例/%
0	30	10.07	-66.43	9.29	-69.03
+1	20	15.44	-22.8	13.98	-30.1
+2	10	11.32	13.2	11.92	19.2
+3	10	13.75	37.5	14.23	42.3
+4	30	49.41	64.7	50.58	68.6

12.3.2.2　二元合金靶材

（1）对于二元合金来说，熔点越高、原子序数越大的元素
其平均价态越高，因此，在负偏压存在的情况下，熔点较高的组
元往往呈现正离析。如图 10-5 ~ 图 10-7 所示，Ti 的平均价态
为 2.05，Al 的平均价态为 1.48，因此 Ti 元素呈现了正离析，Al
元素呈现了负离析。

（2）对于二元合金来说，偏压在一定程度上增大了离析的

趋势，将图 10 − 8 ~ 图 10 − 10 与图 10 − 11 进行对比可知，当偏压从 100V 增大到了 200V 时，离析效应更显著了。偏压对 Ti − Al 合金靶材的成分离析的影响见表 12 − 2。

表 12 − 2　偏压对 Ti − Al 合金靶材的成分离析的影响

元素名称	平均价态	弧源离子比例（质量分数）/%	100V		200V	
			涂层粒子比例（质量分数）/%	变化比例/%	涂层粒子比例（质量分数）/%	变化比例/%
Ti	2.05	50	52.25	4.5	53.35	6.7
Al	1.48	50	47.75	−4.5	46.65	−6.7

（3）对于二元合金来说，氮气分压在一定程度上增大了离析的趋势，对比图 10 − 11 和图 10 − 12 可知，当氮气分压从 0.1Pa 增大到了 0.2Pa 时，离析效应更显著了。氮气分压对 Ti − Al 合金靶材的成分离析的影响见表 12 − 3。

表 12 − 3　氮气分压对 Ti − Al 合金靶材的成分离析的影响

元素名称	平均价态	弧源离子比例（质量分数）/%	0.1Pa		0.2Pa	
			涂层粒子比例（质量分数）/%	变化比例/%	涂层粒子比例（质量分数）/%	变化比例/%
Ti	2.05	50	53.35	4.7	55.77	11.54
Al	1.48	50	46.65	−4.7	44.23	−11.54

（4）将图 10 − 8 ~ 图 10 − 10 与图 10 − 13 进行对比可知，不同 Ti − Al 合金成分配比（Ti − 50Al 与 Ti − 30Al）对涂层成分离析的影响。Ti − Al 合金的成分配比（Ti − 50Al 与 Ti − 30Al）对成分离析的影响见表 12 − 4。

（5）将图 10 − 5 ~ 图 10 − 7 与图 10 − 8 ~ 图 10 − 10 进行对比可知，离析结果还与接收屏有关，接收屏面积对成分离析的影响见表 12 − 5。

表 12 - 4 Ti - Al 合金的成分配比 (Ti - 50Al 与 Ti - 30Al)
对成分离析的影响

元素名称	平均价态	Ti - 50Al			Ti - 30Al		
		弧源离子比例(质量分数)/%	涂层粒子比例(质量分数)/%	变化比例/%	弧源离子比例(质量分数)/%	涂层粒子比例(质量分数)/%	变化比例/%
Ti	2.05	50	52.25	4.5	70	75.59	7.99
Al	1.48	50	47.75	-4.5	30	24.41	-18.63

表 12 - 5 接收屏面积对成分离析的影响

元素名称	平均价态	弧源离子比例(质量分数)/%	接收屏长度20mm,半径10mm		接收屏长度200mm,半径100mm	
			涂层粒子比例(质量分数)/%	变化比例/%	涂层粒子比例(质量分数)/%	变化比例/%
Ti	2.05	50	56.35	12.7	52.25	4.5
Al	1.48	50	43.65	-12.7	-52.25	-4.5

12.3.2.3 多元合金靶材

(1) 对于多元合金中,也显示了低价态的产生负离析,高价态的产生正离析,中间价态可能产生负离析,也可能产生正离析。而且价态越高离析程度越大。如图 10 - 16 ~ 图 10 - 18 所示,Ti 的平均价态为 2.05,Al 的平均价态为 1.48,Zr 的平均价态为 2.33,因此 Zr 元素呈现了正离析,Al 元素呈现了负离析,Ti 元素也呈现了正离析。

(2) 对于多元合金中,偏压在一定程度上增大了离析的趋势,将图 10 - 16 ~ 图 10 - 18 与图 10 - 19 进行对比可知,当偏压从 100V 增大到了 200V 时,离析效应更显著了。偏压对 Ti - Al - Zr 合金靶材的成分离析的影响见表 12 - 6。

表 12 – 6　偏压对 Ti – Al – Zr 合金靶材的成分离析的影响

元素 名称	平均 价态	弧源离子 比例（质量 分数）/%	100V		200V	
			涂层粒子比例 （质量分数)/%	变化比例 /%	涂层粒子比例 （质量分数)/%	变化比例 /%
Ti	2.05	70	70.69	1.0	71.38	2.0
Al	1.48	10	9.04	−9.6	8.11	−19
Zr	2.33	20	20.27	1.4	20.51	2.6

（3）对于多元合金来说，氮气分压在一定程度上增大了离析的趋势，对比图 10 – 19 和图 10 – 20 可知，当氮气分压从 0.1Pa 增大到了 0.2Pa 时，离析效应更显著了。氮气分压对 Ti – Al – Zr 合金靶材的成分离析的影响见表 12 – 7。

表 12 – 7　氮气分压对 Ti – Al – Zr 合金靶材的成分离析的影响

元素 名称	平均 价态	弧源离 子比例 （质量分 数）/%	0.1Pa		0.2Pa	
			涂层粒子比例 （质量分数） /%	变化比例 /%	涂层粒子比例 （质量分数） /%	变化比例 /%
Ti	2.05	70	71.38	2.0	71.59	2.27
Al	1.48	10	8.11	−19	7.39	−26.1
Zr	2.33	20	20.51	2.6	21.02	9.1

（4）将图 10 – 16 ~ 图 10 – 18 与图 10 – 21 进行对比可知，不同 Ti – Al – Zr 合金成分配比（Ti – 10Al – 20Zr 与 Ti – 10Al – 30Zr）对涂层成分离析的影响，Ti – Al – Zr 合金的成分配比（Ti – 10Al – 20Zr 与 Ti – 10Al – 30Zr）对成分离析的影响见表 12 – 8。

12.3.3　成分离析效应小结

（1）平均价态高的元素产生正离析，平均价态低的元素产生负离析。而且平均价态越高，越容易产生正离析；平均价态越低，越容易产生负离析。中间价态的元素可能产生正离析，也可

表 12 –8　Ti – Al – Zr 合金的成分配比（Ti – 10Al – 20Zr 与
Ti – 10Al – 30Zr）对成分离析的影响

元素名称	平均价态	Ti – 10Al – 20Zr			Ti – 10Al – 30Zr		
		弧源离子比例（质量分数）/%	涂层粒子比例（质量分数）/%	变化比例/%	弧源离子比例（质量分数）/%	涂层粒子比例（质量分数）/%	变化比例/%
Ti	2.05	70	70.69	1.0	60	62.27	3.78
Al	1.48	10	9.04	– 9.6	10	6.75	– 32.5
Zr	2.33	20	20.27	1.4	30	30.98	3.27

能产生负离析，这就是由于不同价态的离子所占的百分质量分数
所决定的。

（2）不同的元素成分比产生不同的成分离析效应。例如
Ti – 50Al 离析效应低于 Ti – 30Al；Ti – 10Al – 20Zr 离析效应低于
Ti – 10Al – 30Zr。

（3）偏压和氮气分压的增加，成分离析效应增强。

（4）接收屏面积的增加，成分离析效应减弱。

（5）合金靶材从二元合金到三元合金，成分离析效应减弱。

12.3.4　成分离析效应的模拟结果与实验验证

在相同的工艺条件下，对于不同组成成分的合金靶材进行沉
积实验，同时对于同一种合金成分的靶材在不同的偏压下（其
他的工艺参数不变）所制备的涂层的成分变化进行了考察，其
结果见以下各表。

（1）对于不同组成成分的 Ti – Al 合金靶材，其结果见
表12 – 9。

（2）对于在不同的偏压下的 Ti – Al 合金靶材，其结果见表
12 – 10。

（3）对于不同组成成分的 Ti – Al – Zr 合金靶材，其结果见
表 12 – 11。

表 12 – 9 Ti – Al 合金成分配比（50Ti – 50Al 与 68Ti – 32Al）对成分离析的影响

元素名称	50Ti – 50Al		68Ti – 32Al	
	靶材成分（质量分数）/%	涂层成分（质量分数）/%	靶材成分（质量分数）/%	涂层成分（质量分数）/%
Ti	50	52.6	68	75.5
Al	50	47.4	32	24.5

表 12 – 10 偏压对 Ti – Al 合金靶材的成分离析的影响

元素名称	靶材成分（质量分数）/%	涂层成分（质量分数）/%	
		100V	200V
Ti	50	52.6	57.3
Al	50	47.4	42.7

表 12 – 11 Ti – Al – Zr 合金成分配比（Ti – 10Al – 20Zr 与 Ti – 10Al – 30Zr）对成分离析的影响

元素名称	Ti – 10Al – 20Zr		Ti – 10Al – 30Zr	
	靶材成分（质量分数）/%	涂层成分（质量分数）/%	靶材成分（质量分数）/%	涂层成分（质量分数）/%
Ti	70	71.1	60	62.5
Al	10	8.2	10	6.9
Zr	20	20.7	30	32.5

（4）对于在不同的偏压下的 Ti – Al – Zr 合金靶材，其结果见表 12 – 12。

表 12 – 12 偏压对 Ti – Al – Zr 合金靶材的成分离析的影响

元素名称	靶材成分（质量分数）/%	涂层成分（质量分数）/%	
		100V	200V
Ti	70	71.1	72.7
Al	10	8.2	6.2
Zr	20	20.7	21.1

经过上述实验验证，模拟的结果与实际镀膜实验的结果基本相符。

本书是通过对多弧离子镀膜过程的具体研究，在相关的实验数据的基础上，观察影响涂层成分的一些影响因素，然后对问题进行必要的简化，在采取一定近似的基础上导出多弧离子镀中的带电粒子在电场中受力和运动的数学物理模型，然后在其基础上利用 Visual C++语言编制程序，直观模拟多弧离子镀的镀膜过程，通过对软件的分析得到以下结论：

（1）本研究形象地模拟了多弧离子镀的沉积过程，包括源粒子蒸发过程、偏压电场分布情况、粒子运动过程、粒子吸附过程，在一定程度上实现了定量控制。

（2）本软件实现了圆柱形镀膜室—偏压电场的模拟，在数学模型的基础上，用曲线图表明了偏压电场的分布情况，进而给出了偏压电场中不同粒子的运动特性。模拟的结果与实际镀膜实验的结果一致。

（3）在相同条件下，偏压越大，涂层均匀性越不好，说明在镀膜时带电粒子收缩随着外加偏压的增大而变得越严重。模拟的结果与实际镀膜实验的结果一致。

（4）对于合金靶材来讲，基片负偏压、氮气分压、合金靶材组成成分、基片位置（接收屏）等方面的模拟结果与实际镀膜实验的结果一致。

（5）利用该模拟研究方法可以实现靶材合金成分设计、涂层成分预测、工艺参数效果等方面的虚拟实验，为实际镀膜实验研究提供理论依据。

13 主要程序代码

13.1 蒸发宏观过程模块

```
void CDemoFunc::ZhF_Macro(int en, int mu, int db, int le,
                int dd, int xx, int r1, int l1,
                struct ab * name, int kk)
{

    m _csParamsChange. Unlock( ); lock is set in DoDemoFunc( ).


#define PP 80
#define BUFLEN 8000


int r,l,dx,dy,c,d,k,i,j,a,x1,y1,x2,y2;
float lr,pr;
char t,ttt =0;
double v,k1,s[4][5],as1,ds1,vv,v1,b1;
float * dr, * dl, * da, * vx, * vy, * vz;
char * lie, * nx;
double ez,ep,ez1,ep1,ez2,ep2,ez3,ep3,ez4,ep4,el,rx,vyy;
float n[4][10],nn;
char chr[20];
int x,y,ff,key =0;
if((dr =(float  *)malloc(BUFLEN * sizeof(float))) = = NULL){return;}
if((dl =(float  *)malloc(BUFLEN * sizeof(float))) = = NULL){return;}
if((da =(float  *)malloc(BUFLEN * sizeof(float))) = = NULL){return;}
if((vx =(float  *)malloc(BUFLEN * sizeof(float))) = = NULL){return;}
if((vy =(float  *)malloc(BUFLEN * sizeof(float))) = = NULL){return;}
if((vz =(float  *)malloc(BUFLEN * sizeof(float))) = = NULL){return;}
```

```
if((lie = (char * )malloc(BUFLEN * sizeof(char))) = = NULL) {return; }
if((nx = (char * )malloc(BUFLEN * sizeof(char))) = = NULL) {return; }
ff = 0;


for(c = 0;c < 4;c + + )for(d = 0;d < 10;d + + ) n[c][d] = 0;
for(i = 0;i < 4;i + + )for(a = 0;a < 5;a + + ) s[i][a] = 0;


lr = (float)l1/r1;el = l1/2;rx = r1 * r1;
for(r = 0;(r < = 400)&&(((1.414 * r + lr * r) < = 400);r + + );
r - - ;l = lr * r;pr = (float)r1/r * 1.0;
v1 = (double)r1 * db * PI * le/10000;
dx = 480 - r;
dy = 440 - 0.707 * r - l/2;
x2 = - l/2;
y2 = x2 - 0.707 * r;


/*
PaintBox1 - > Canvas - > Ellipse(dx - r,dy - x2 - r * 0.707,dx + r,dy -
x2 + r * 0.707);
    PaintBox1 - > Canvas - > Ellipse(dx - r,dy + x2 - r * 0.707,dx + r,dy +
x2 + r * 0.707);
    PaintBox1 - > Canvas - > Pen - > Color = clGray;
    PaintBox1 - > Canvas - > MoveTo(dx,dy + y2);
    PaintBox1 - > Canvas - > LineTo(dx,dy - y2);
    line(dx,dy + y2,dx,dy - y2);
    PaintBox1 - > Canvas - > MoveTo(dx + r,dy + x2);
    PaintBox1 - > Canvas - > LineTo(dx + r,dy - x2);
    line(dx + r,dy + x2,dx + r,dy - x2);
    PaintBox1 - > Canvas - > MoveTo(dx - r,dy + l/2);
    PaintBox1 - > Canvas - > LineTo(dx - r,dy - l/2);
    line(dx - r - 80,dy + l/2,dx - r - 80,dy - l/2);
    */
```

```
x1 = (int)(dy - (dd/pr - le/pr/2));
y1 = (int)(dy - (dd/pr + le/pr/2));
/*
PaintBox1 - >Canvas - >Pen - >Color = clBlue;
PaintBox1 - >Canvas - >MoveTo(480,x1);
PaintBox1 - >Canvas - >LineTo(480,y1);
line(480,x1,480,y1);
*/

SetCanDraw();

/*
DrawEllipse(0xf6,0x28,0x1e0,0xcd,DEMOCOLOR_STATIC1);
DrawEllipse(0xf6,0x112,0x1e0,0x1b7,DEMOCOLOR_STATIC1);
DrawLine(0x1e0,0x7b,0x1e0,0x165,DEMOCOLOR_STATIC1);
DrawLine(0xf6,0x165,0xf6,0x7b,DEMOCOLOR_STATIC1);
DrawLine(0x1e0,0xc1,0x1e0,0x92,DEMOCOLOR_STATIC1);
DrawLine(0x16b,0x29,0x16b,0x1b7,DEMOCOLOR_STATIC1);
*/

DrawLine(dx + r,dy + x2,dx + r,dy - x2,DEMOCOLOR_STATIC1);
DrawEllipse(dx - r,dy - x2 - r * 0.707,dx + r,dy - x2 + r * 0.707,DEMO-
COLOR_STATIC1);
DrawEllipse(dx - r,dy + x2 - r * 0.707,dx + r,dy + x2 + r * 0.707,DEMO-
COLOR_STATIC1);
DrawLine(dx - r,dy + l/2,dx - r,dy - l/2,DEMOCOLOR_STATIC1);
DrawLine(dx,dy + y2,dx,dy - y2,DEMOCOLOR_STATIC1);  中轴线

for(i = 0;i < BUFLEN;i + +){ * (lie + i) = 1;}

while(StopDemoLoop() = = TRUE) {
for(c = 0;c < xx;c + +)
{生成各种准备溢出的元素粒子
```

```
g_pDemo - > m_csParamsChange. Lock( );
en = g_pDemo - > m_demoparams. panel_params. en;
g_pDemo - > m_csParamsChange. Unlock( );

v = en/mu;
v = v - name[ c]. bo;
v = v/( double) name[ c]. ato;
if( v < 0) continue;
if( v < 3. 2) { v = v * ( double) 10000; b1 = 100; }
else { if( v < 320)
{ v = v * ( double) 100; b1 = 10; }
    else b1 = 1; }
y = ( int) v;
k1 = 0. 00000001;
if( y > = 1)
k1 = ( double) mu * name[ c]. co/1000. 0 * v1; v1 = ( double) r1 * db *
PI * le/10000;
k = ( int) ( k1 + s[ c][ d]);
s[ c][ d] = s[ c][ d] + ( double) k1 - k;

i = 0;
double b;
for( a = 0. 5; a < k;) { 若元素符合溢出条件,则生成准备溢出的粒子,生
                         成的粒子总数最多为 BUFLEN 个。

    for( b = 0. 5; b < k1;) {
        if( i = = BUFLEN) {
        if( dr) free( dr);
        if( dl) free( dl);
        if( da) free( da);
        if( vx) free( vx);
        if( vy) free( vy);
        if( vz) free( vz);
        if( lie) free( lie);
```

```
        if( nx)  free( nx) ;
        AfxMessageBox( "OverRun!") ;
        return;
    }


    if( !  * ( lie + i) ) {i + + ;continue;}
      a + + ;
      b + + ;


    if( ( int) ( v + 1) > 1)
        * ( vx + i) = ( float) random( ( int) ( v + 1) ) ;
    else  * ( vx + i) = 0;


    if( ( int) ( v - * ( vx + i) ) > 1)
        * ( vy + i) = ( float) random( ( int) ( v - * ( vx + i) + 1) ) ;
    else  * ( vy + i) = 0;
      * ( vz + i) = ( float) ( v - * ( vx + i) - * ( vy + i) ) ;


    if( * ( vz + i) < 0)
        * ( vz + i) = 0;
      * ( vx + i) = - sqrt( ( double) * ( vx + i) ) ;


    if( random( 2) )
        * ( vy + i) = sqrt( ( double) * ( vy + i) ) ;else * ( vy + i) = - sqrt( ( doub-
le) * ( vy + i) ) ;
    if( random( 2) )
        * ( vz + i) = sqrt( ( double) * ( vz + i) ) ;else * ( vz + i) = - sqrt( ( doub-
le) * ( vz + i) ) ;
      * ( vx + i)/ = b1 ;
      * ( vy + i)/ = b1 ;
      * ( vz + i)/ = b1 ;
      * ( nx + i) = c ;
      * ( lie + i) = 0;
```

```
*(dr + i) = r1;
*(dl + i) = random(le + 1) - le/2 + dd;
*(da + i) = random(db + 1) - db/2;
```

以 FN 的概率生成点。

```
{
    double cosa;
    unsigned int n;

    FN( *(vx + i), *(vy + i), *(vz + i), cosa, 2);

    if (cosa > 0.00003)
    {
        n = rand();
        if (n >= ((double)RAND_MAX * cosa))  以概率 a 决定点的去留。
        {
            b - -;
            a - -;
            continue;
        }
    }
    else  生成点速度接近 90 度,丢弃
    {
        b - -;
        a - -;
        continue;
    }
}
*(lie + i) = 0;
as1 = (double) *(dr + i) * cos((double) *(da + i) * PI)/pr + dx;
ds1 = ( -(double) *(dl + i)/pr + *(dr + i) * sin((double) *(da + i) *
PI)/pr * 0.707) + dy;
putpixel((int)as1, (int)ds1, 13 - *(nx + i));
```

nx + i 中存放第 i 个粒子对应的元素序号,13 - * (nx + i)得到显示该种元素的粒子所用的颜色。故有几种元素就用几种颜色来显示。

```
PaintBox1 - > Canvas - > Pixels[(int)as1][(int)ds1] = clYellow;
DrawPixel((int)as1,(int)ds1,DEMOCOLOR_CURRENT);


HDC hdc = GetDC(m_hWnd);
if(hdc)
{
    COLORREF c = ::GetPixel(hdc,(int)as1,(int)ds1);
        if((c&0x00ffffff) = = DEMOCOLOR_INVAL ||
    (c&0x00ffffff) = = DEMOCOLOR_TRACE)
```
{若是 INVAL 或 TRACE 则画点,INVAL 表示未画,TRACE 表示画过点的痕迹。
```
        ::SetPixel(hdc,(int)as1,(int)ds1,DEMOCOLOR_CURRENT);
0x00bbggrr
        }
    }
    ReleaseDC(m_hWnd,hdc);
    COLORREF color = GetPixel((int)as1,(int)ds1);
    if((c&0x00ffffff) = = DEMOCOLOR_INVAL ||
(c&0x00ffffff) = = DEMOCOLOR_TRACE)
        if((color&0x00ffffff)! = DEMOCOLOR_STATIC1 &&
(color&0x00ffffff)! = DEMOCOLOR_STATIC2)
        DrawPixel((int)as1,(int)ds1,
name[ * (nx + i)].color/ * DEMOCOLOR_CURRENT * /);


    i + +;
}for(b = 0.5;b < k1;)


}for(c = 0;c < xx;c + + )
```
生成各种准备溢出的元素粒子。生成粒子的性质保存在 x,vy,vz,dr,dl,da 几个数组中;lie[i]表示第 i 个粒子是否溢出,nx[i]表示第 i 个粒子所属的元素种类。

```
for( i = 0 ; i < BUFLEN ; i + + ) | 开始描绘已溢出粒子的运动。
    if( * ( lie + i ) ) lie + i 中的值若为 1,则表示该粒子未溢出。
        continue ;
    if( kk ) |
        as1 = ( double ) * ( dr + i ) * cos( ( double ) * ( da + i ) * PI )/pr + dx ;
        ds1 = ( - ( double ) * ( dl + i ) + ( double ) * ( dr + i ) * sin( ( doub-
le ) * ( da + i ) * PI ) * 0. 707 )/pr + dy ;
        PaintBox1 - > Canvas - > Pixels[ ( int ) as1 ][ ( int ) ds1 ] = clTeal ;
        DrawPixel( ( int ) as1 , ( int ) ds1 , DEMOCOLOR_TRACE ) ;
        HDC hdc = GetDC( m_hWnd ) ;
        if ( hdc )
        |
            COLORREF c = : : GetPixel( hdc , ( int ) as1 , ( int ) ds1 ) ;
            if ( ( c&0x00ffffff ) = = 0x00ffffff || ( c&0x00ffffff ) = = 0x000000ff )
            if ( ( c&0x00ffffff ) = = DEMOCOLOR_CURRENT )
                | 若是蓝色则画点,否则不画。蓝色表示已画过点的痕迹。
                    : : SetPixel ( hdc , ( int ) as1 , ( int ) ds1 , DEMOCOLOR _
TRACE ) ; 0x00bbggrr
            |
        |
        ReleaseDC( m_hWnd , hdc ) ;
        COLORREF color = GetPixel( ( int ) as1 , ( int ) ds1 ) ;
        if ( ( c&0x00ffffff ) = = DEMOCOLOR_CURRENT )
            if ( ( color&0x00ffffff ) ! = DEMOCOLOR_STATIC1 &&
( color&0x00ffffff ) ! = DEMOCOLOR_STATIC2 )
            DrawPixel( ( int ) as1 , ( int ) ds1 , DEMOCOLOR_TRACE ) ;
    |
    else | 若不连线,则在轨迹上画 DEMOCOLOR_INVAL。
        as1 = ( double ) * ( dr + i ) * cos( ( double ) * ( da + i ) * PI )/pr + dx ;
        ds1 = ( - ( double ) * ( dl + i ) + ( double ) * ( dr + i ) * sin( ( double ) *
( da + i ) * PI ) * 0. 707 )/pr + dy ;
        HDC hdc = GetDC( m_hWnd ) ;
        if ( hdc )
```

```
        {
                COLORREF c = ::GetPixel(hdc, (int)as1, (int)ds1);

                if ((c&0x00ffffff) = = DEMOCOLOR_CURRENT)
                { 若是蓝色则画点,否则不画。蓝色表示已画过点的痕迹。
                    :: SetPixel ( hdc, ( int ) as1, ( int ) ds1, DEMOCOLOR _
INVAL); 0x00bbggrr
                }
        }
        ReleaseDC(m_hWnd, hdc);
        COLORREF color = GetPixel((int)as1, (int)ds1);
        if ((c&0x00ffffff) = = DEMOCOLOR_CURRENT)
                if ((color&0x00ffffff)! = DEMOCOLOR_STATIC1 &&
        (color&0x00ffffff)! = DEMOCOLOR_STATIC2)
        DrawPixel((int)as1, (int)ds1, DEMOCOLOR_INVAL);
        }


as1 = (double) * (dr + i) * cos((double) * (da + i) * PI) + * (vx + i);
ds1 = (double) * (dr + i) * sin((double) * (da + i) * PI) + * (vz + i);
* (dl + i) = * (dl + i) + * (vy + i);
vv = sqrt((double)(ds1 * ds1 + as1 * as1));
* (dr + i) = (float)vv;
* (da + i) = (float)asin((double)ds1/vv) * IP;
if(as1 <0){
        if( * (da + i) >0)
        * (da + i) - = 180;else * (da + i) + = 180;}
if( * (dr + i) > = r1 | | * (da + i) > =90| | * (da + i) < = -90| | * (dl + i)
> =l1/2| | * (dl + i) < = -l1/2)
        * (lie + i) =1;
else{
        as1 = (double) * (dr + i) * cos((double) * (da + i) * PI)/pr + dx;
        ds1 = ( - (double) * (dl + i) + (double) * (dr + i) * sin((double) *
(da + i) * PI) * 0.707)/pr + dy;
```

```
    PaintBox1 - > Canvas - > Pixels[(int)as1][(int)ds1] = clBlue;
    DrawPixel((int)as1, (int)ds1, DEMOCOLOR_CURRENT);
    HDC hdc = GetDC(m_hWnd);
    if (hdc)
    {
        COLORREF c = ::GetPixel(hdc, (int)as1, (int)ds1);
        if ((c&0x00ffffff) = = DEMOCOLOR_INVAL ||
(c&0x00ffffff) = = DEMOCOLOR_TRACE)
```
{若是 INVAL 或 TRACE, 则画点, INVAL 表示未画, TRACE 表示画过点的痕迹。

```
        ::SetPixel(hdc, (int)as1, (int)ds1, DEMOCOLOR_CURRENT);
0x00bbggrr

    }
    }
    ReleaseDC(m_hWnd, hdc);
    COLORREF color = GetPixel((int)as1, (int)ds1);
    if ((c&0x00ffffff) = = DEMOCOLOR_INVAL ||
(c&0x00ffffff) = = DEMOCOLOR_TRACE)
        if ((color&0x00ffffff)! = DEMOCOLOR_STATIC1 &&
(color&0x00ffffff)! = DEMOCOLOR_STATIC2)
        DrawPixel((int)as1, (int)ds1,
name[ * (nx + i)].color/ * DEMOCOLOR_CURRENT * /);

    }
} for(i = 0;i < BUFLEN;i + +)

} / * while(1) * /

ResetCanDraw();

if(dr) free(dr);
if(dl) free(dl);
if(da) free(da);
```

```
if(vx) free(vx);
if(vy) free(vy);
if(vz) free(vz);
if(lie) free(lie);
if(nx) free(nx);

#undef PP
#undef BUFLEN
}
```

13.2   蒸发微观过程模块

```
void CDemoFunc::ZhF_Micro(int ene, int dea, int kin, struct ab * me)
```
{虽然 me 是指向全局变量的指针,但主进程不会修改 me 指向的内容,所以这里直接使用。
```
m_csParamsChange. Unlock(); lock is set in DoDemoFunc().
#define PP 80
#define BUFLEN 16000


int * autx, * auty, * autz, * autxv, * autyv, * autzv, * autdd;
char * autm, * autlie;
int z,a,o,i,j,b,c =0,jj,rr,dd;
int ent,q,col,vv,key =0;
float k,r,ener,s[5],s2;
float aa;
int sum =0,sum1,s1[5];
double v0,v1;
if((autx = (int *)malloc(BUFLEN * sizeof(int))) = =NULL)return;
if((auty = (int *)malloc(BUFLEN * sizeof(int))) = =NULL)return;
if((autz = (int *)malloc(BUFLEN * sizeof(int))) = =NULL)return;
if((autxv = (int *)malloc(BUFLEN * sizeof(int))) = =NULL)return;
if((autyv = (int *)malloc(BUFLEN * sizeof(int))) = =NULL)return;
if((autzv = (int *)malloc(BUFLEN * sizeof(int))) = =NULL)return;
```

```
if((autm = (char * )malloc(BUFLEN * sizeof(char))) = = NULL)return;
if((autlie = (char * )malloc(BUFLEN * sizeof(char))) = = NULL)return;
if((autdd = (int * )malloc(BUFLEN * sizeof(int))) = = NULL)return;
s2 = dea;
for(i = 0;i < 5;i + +){s[i] =0;s1[i] =0;}


/ *
PaintBox1 - > Canvas - > Pen - > Color = clGray;
PaintBox1 - > Canvas - > Rectangle(450, 8, 499, 341);
bar(450,8,499,341);
PaintBox1 - > Canvas - > Rectangle(450, 100, 499, 250);
bar(450,100,499,250);
PaintBox1 - > Canvas - > Pen - > Color = clBlue;
PaintBox1 - > Canvas - > MoveTo(450,100);
PaintBox1 - > Canvas - > LineTo(450,250);
line(450,100,450,250);
PaintBox1 - > Canvas - > Rectangle(450, 8, 499, 341);
bar(450,8,499,341);
PaintBox1 - > Canvas - > Rectangle(450, 100, 499, 250);
bar(450,100,499,250);
PaintBox1 - > Canvas - > MoveTo(450,100);
PaintBox1 - > Canvas - > LineTo(450,250);
line(450,100,450,250);
* /


memset(autx, 0, sizeof(BUFLEN * sizeof(int)));
memset(auty, 0, sizeof(BUFLEN * sizeof(int)));
memset(autz, 0, sizeof(BUFLEN * sizeof(int)));
memset(autxv, 0, sizeof(BUFLEN * sizeof(int)));
memset(autyv, 0, sizeof(BUFLEN * sizeof(int)));
memset(autzv, 0, sizeof(BUFLEN * sizeof(int)));
memset(autdd, 0, sizeof(BUFLEN * sizeof(int)));
memset(autm, 0, sizeof(BUFLEN * sizeof(char)));
```

```
col = 4;
for(i = 0;i < BUFLEN;i + +){autlie[i] = 0;}
o = 0;
c = me[0]. ato;
for(i = 1;i < kin;i + +){
        if (c < me[i]. ato)c = me[i]. ato;
}


PaintBox1 - > Canvas - > Pen - > Color = clYellow;
PaintBox1 - > Canvas - > Rectangle(10,50,30,150);


c = sqrt(dea) * sqrt(c);if(c < 1)c = 1;
if(c > 100)c = 100;
ent = 0;ener = ene/dea;
b = c + 510;
b = ene/300 + 510;
unsigned long archvNum = 0;
unsigned int thick  = 30;
```

　　DrawRect(449, 8, 449 + 30, 100, DEMOCOLOR_STATIC1, 1);画发出粒子的那一条边的上半部。

　　DrawRect(449, 250, 449 + 30, 341, DEMOCOLOR_STATIC1, 1);画发出粒子的那一条边的下半部。

　　DrawRect(449, 100, 449 + 30, 250, DEMOCOLOR_STATIC2, 2);画发出粒子的区域。

```
SetCanDraw();


while(StopDemoLoop() = = TRUE){


g_pDemo - > m_csParamsChange. Lock();
ene = g_pDemo - > m_demoparams. panel_params. en;
```

```
c = g_pDemo - > m_demoparams. panel_params. num_mu;
```
这里仅是利用 num_mu 来指示速度的改变,用其他变量亦可;
num_mu 的值已在调用本函数时传入,故改写无妨。
```
g_pDemo - > m_csParamsChange. Unlock( );
c = sqrt( dea) * sqrt( c);
if( c < 1) c = 1;
if( c > 100) c = 100;
ener = ene/dea;
b = c + 510;
b = ene/300 + 510;

    sum1 = - 1;

for( i = 0; i < = sum; i + + ) {
        if( autlie[ i] = = 0) continue;
        sum1 = i;
        if
( ( autx[ i] < = 1000) | | ( auty[ i] < = 850) | | ( autx[ i] > 23000) | | ( auty
[ i] > = 16700) | | ( autz[ i] < - 2500) | | ( autz[ i] > 2500))
        autlie[ i] = 0;
}
j = - 1;
for( jj = 0; jj < kin; jj + + ) { if( ( ener - me[ jj]. bo) < 0) continue;
v0 = 25 * ( ener - me[ jj]. bo)/me[ jj]. ato; if( v0 < 1) continue;
if( v0 > 32000) { b = ( int) ( v0/100) ; dd = 10000; } else
if( v0 < 0. 032) { b = ( int) ( v0 * 1000000) ; dd = 1; } else
if( v0 < 3. 2) { b = ( int) ( v0 * 10000) ; dd = 10; } else
if( v0 < 320) { b = ( int) ( v0 * 100) ; dd = 100; } else { b = ( int) v0; dd =
1000; }

if( b = = 0) continue;
( float) s[ jj] = s[ jj] + s2 * me[ jj]. co/100 - s1[ jj];
( int) s1[ jj] = s[ jj];
```

```
for(i = 0;i < s1[jj];i + +) {j + +;
if(j > = BUFLEN - 1 || j < 0) {
free(autx);
free(auty);
free(autz);
free(autxv);
free(autyv);
free(autzv);
free(autm);
free(autlie);
free(autdd);
getch();
AfxMessageBox("OverRun!");
return;}
if(autlie[j] = = 1) {i - -;continue;}
auty[j] = (random(150) + 100) * 50;
autx[j] = 450 * 50;
autz[j] = (random(100) - 50) * 50;
autlie[j] = 1;
autm[j] = jj;
autdd[j] = dd;
autxv[j] = random(b + 2);
if((b - autxv[j] + 1) > 0)
autyv[j] = random(b - autxv[j] + 1);
else autyv[j] = 0;
if(autyv[j] < 0)
autyv[j] = 0;
autzv[j] = b - autyv[j] - autxv[j];
if(autzv[j] < 0) autzv[j] = 0;
autxv[j] = - (int)(sqrt((double)autxv[j]));
autyv[j] = (int)(sqrt((double)autyv[j]));
autzv[j] = (int)(sqrt((double)autzv[j]));
if(random(2) = = 0) autyv[j] = - autyv[j];
```

```
if( random(2) = =0) autzv[j] = - autzv[j];
```

以 FN 的概率生成点。

```
    {
        double cosa;
        unsigned int n;

        FN(autxv[j], autyv[j], autzv[j], cosa, 2);

        if (cosa > 0.00003)
        {
            n = rand();
            if (n > = ((double)RAND_MAX * cosa))   以概率 a 决定点的
去留。
            {
                i--;
                j--;
                continue;
            }
        }
        else 生成点速度接近90度,丢弃。
        {
            i--;
            j--;
            continue;
        }
    }
    autlie[j] =1;

} for( i =0; i < s1[jj]; i ++ )
} for( jj =0; jj < kin; jj ++ )
if( sum1 < j) sum1 = j;
sum = sum1;
```

```
o = ( + + o)%2;
PaintBox1 – > Canvas – > Pen – > Color = clRed;
PaintBox1 – > Canvas – > Rectangle(11,8,449,341);
```

DrawRect(11, 8, 449, 341, DEMOCOLOR_STATIC1);可以起到刷新屏幕的作用,清除了原来粒子运动的痕迹。

DrawRect(449, 8, 449 + 30, 100, DEMOCOLOR_STATIC1, 1);画发出粒子的那一条边的上半部。

DrawRect(449, 250, 449 + 30, 341, DEMOCOLOR_STATIC1, 1);画发出粒子的那一条边的下半部。

DrawRect(449, 100, 449 + 30, 250, DEMOCOLOR_STATIC2, 2);画发出粒子的区域。

```
bar(11,8,449,341);
for(i = 0;i < = sum;i + +){
if(autlie[i] = =0) continue;
if(me[autm[i]]. ato < 128){
if(me[autm[i]]. ato < 54){
if(me[autm[i]]. ato < 16)r = 0;else r = 1;}else r = 2;}
else if(me[autm[i]]. ato < 250)r = 3;else r = 4;


(int)rr = r + (float)r * autz[i]/2500. 0;


qi( * (autx + i)/50, * (auty + i)/50,0,rr,5 – * (autm + i));
qi(autx[i]/50,auty[i]/50,0,rr,DEMOCOLOR_CURRENT2);
if (kin = = 1)
    DrawEllipse(autx[i]/50 – rr,auty[i]/50 – rr,autx[i]/50 + rr,auty[i]/
50 + rr,
            / * me[autm[i]]. color * /DEMOCOLOR_CURRENT1,1);
    else
    DrawEllipse(autx[i]/50 – rr,auty[i]/50 – rr,autx[i]/50 + rr,auty[i]/
50 + rr,
            me[autm[i]]. color/ * DEMOCOLOR_CURRENT2 * /,1);
    / *
if( * (autx + i)/50 < 295)
```

```
     PaintBox1 - > Canvas - > Ellipse( * (autx + i)/50 - rr, * (auty + i)/50 -
rr, * (autx + i)/50 + rr, * (auty + i)/50 + rr);
if ( * (autx + i)/50 < = (thick + 10) && * (autx + i)/50 > = thick &&
   * (auty + i)/50 > =50 && * (auty + i)/50 < =150) {
         archvNum + + ;
         if( archvNum > =100 && thick < =295) {
              archvNum = 0;
              thick + =1;
         }
}
PaintBox1 - > Canvas - > Pen - > Color = clYellow;
PaintBox1 - > Canvas - > Rectangle(10,50,30,150);
PaintBox1 - > Canvas - > Pen - > Color = clRed;
PaintBox1 - > Canvas - > Rectangle(30,50,thick,150);
*/


aa = autx[i] + (float) autdd[i] * autxv[i] * c/1000.0;
if( aa > 23000 || aa < 1000) autlie[i] = 0;else
{ autx[i] = aa;
aa = auty[i] + (float) autdd[i] * autyv[i] * c/1370.0;
if( aa > =16700 || aa < 850) autlie[i] = 0;else
{ auty[i] = aa;
aa = autz[i] + (float) autdd[i] * autzv[i] * c/1000.0;
if( aa > 2500 || aa < - 2500) autlie[i] = 0;else
autz[i] = aa; } }

{ for( i = 0; i < = sum; i + + )
Sleep(100);
}


ResetCanDraw();

free( autx);
```

```
    free( auty);
    free( autz);
    free( autxv);
    free( autyv);
    free( autzv);
    free( autm);
    free( autlie);
    free( autdd);
    #undef PP
    #undef BUFLEN
    }
```

13.3 偏压电场分布曲线模块

```
    void CDemoFunc::_Bias_Curv(int u, int r, int l, int x0, int y0)
    {
        int x10, xm;
        double xx;
        int ox10, oxm;

        g_pDemo - > m_csParamsChange. Lock( );
        x10 = g_pDemo - > m_demoparams. panel_params. x10;
        xm = g_pDemo - > m_demoparams. panel_params. xm;
        ox10 = m_demoparams. panel_params. ox10;
        oxm = m_demoparams. panel_params. oxm;
        g_pDemo - > m_csParamsChange. Unlock( );
        if ( ox10 = = x10 && oxm = = xm)
        {
            g_pDemo - > m_csParamsChange. Unlock( );
            return;
        }
        m_demoparams. panel_params. ox10 = x10;
        m_demoparams. panel_params. oxm = xm;
```

```
double * * aa = m_demoparams. panel_params. aa;
g_pDemo - > m_csParamsChange. Unlock( );
ASSERT(aa);
xx = xm +1;
int i;
for (i =0; i < x10; i + + )
{
    xx * = 10;
}
GETZOOMX(x10, xm, xx);

do
{ pro4(int u,int r,int l,int x0,int y0,double aa[200][4])
#define PP 0. 000008975
    int i,j,ii;
    double lr,q,q1,q2,dx,dy,rr,r1,l1,x,y;
    double ez,ep,ez1,ep1,ez2,ep2,ez3,ep3,ez4,ep4,el,rx;
    r1 = r/1000. 0;l1 = l/1000. 0;
    x = x0/1000. 0;y = y0/1000. 0;
    lr = (double)l1/r1;
    q = 2. 0 * 3. 1415926 * 8. 85 * 0. 000000000001 * l1 * (float)u/
log(r1/10) ;
    q1 = u/2/(1 + lr);q2 = q - q1 - q1;
    rx = (double)1. 0 * r1 * r1;el = (double)1. 0 * l1/2;
    for(j =0;j <2;j + + ) {
        if(j = =0)rr = r1/100. 0;
        else rr = l1/200. 0;
        for(ii = -99;ii < =99;ii + + ){
            if(j = =0){dy = 1. 0 * y;dx = 1. 0 * ii * rr;}
            else{dy = 1. 0 * ii * rr;dx = 1. 0 * x;}
            dx = fabs(dx) ;

ep1 = q1 * (double)dx/((dy + el) * (dy + el) + 4 * rx)/sqrt((dy + el) *
```

```
(dy + el) + rx * 4);
                    ep2 = q1 * (double) dx/((dy - el) * (dy - el) + 4 *
rx)/sqrt((dy - el) * (dy - el) + 4 * rx);
                    ep3 = dx * q2/el/2/rx * ((el - 2 * dy)/sqrt((el - 2 *
dy) * (el - 2 * dy) + 4 * rx));

    ep3 = ep3 + dx * q2/el/2/rx * ((el + 2 * dy)/sqrt((el + 2 *
dy) + 4 * rx));
                    if(dx! = 0){
                    ep4 = q/l1/(double) dx * ((el - 2 * dy)/sqrt((el - 2 *
dy) * (el - 2 * dy) + dx * dx));
                        ep4 = ep4 + q/l1/(double) dx * ((el + 2 * dy)/sqrt
((el + 2 * dy) * (el + 2 * dy) + dx * dx));
                        }
                    else ep4 = 0;
                    dx = fabs(dx);
    ez1 = q1 * (dy + el)/((dy + el) * (dy + el) + rx)/sqrt((dy + el) * (dy +
el) + rx) * (1 - dx/r1);
    ez1 = ez1 + (double) dx * q1/r1 * 2 * (dy + el)/((dy + el) * (dy + el) + 4 *
rx)/sqrt((dy + el) * (dy + el) + 4 * rx);
    ez2 = q1 * (dy - el)/((dy - el) * (dy - el) + rx)/sqrt((dy - el) * (dy -
el) + rx) * (1 - dx/r1);
    ez2 = ez2 + (double) dx * q1/r1 * 2 * (dy - el)/((dy - el) * (dy - el) + 4 *
rx)/sqrt((dy - el) * (dy - el) + 4 * rx);
    ez3 = (1 - dx/r1) * q2/l1 * (1/sqrt((el - 2 * dy) * (el - 2 * dy) + rx) -
1/sqrt((el + 2 * dy) * (el + 2 * dy) + rx));
    ez3 = ez3 + dx * q2 * 2/r1/l1 * (1/sqrt((el - 2 * dy) * (el - 2 * dy) + 4 *
rx) - 1/sqrt((el + 2 * dy) * (el + 2 * dy) + 4 * rx));
    if((el - 2 * dy) * (el - 2 * dy) + dx * dx! = 0&&(el + 2 * dy) * (el +
2 * dy) + dx * dx! = 0)
    ez4 = q/l1 * (1/sqrt((el - 2 * dy) * (el - 2 * dy) + dx * dx) -
    1/sqrt((el + 2 * dy) * (el + 2 * dy) + dx * dx));
    else ez4 = 0;
```

ez = ez1 + ez2 + ez3 − ez4;;ep = ep1 + ep2 − ep3 − ep4;

```
                    if(j = =0)
                        if(ii > 0)
                            aa[ii + 99][2 * j] = 0. 1 * ep * PP;
                        else aa[ii + 99][2 * j] = − 0. 1 * ep * PP;
                    else if(x0 < 0)
                        aa[ii + 99][2 * j] = − 0. 1 * ep * PP;
                    else
                        aa[ii + 99][2 * j] = 0. 1 * ep * PP;
                        aa[ii + 99][1 + 2 * j] = 0. 1 * ez * PP;
                }
            }
    #undef PP
    } while(0);


    int l1 = l, r1 = r;
    do
    { drawline(double aa[200][4],double xx,int l1,int r1) 画坐标轴
        int i,j,k,k1;
        char ss[40];
        double point0,point1;

        int x0, y0, xm, ym;
        HDC hdc;
        SIZE s;
        POINT p;
        hdc = ::GetDC(m_hWnd);
        ASSERT(hdc);
        for(i =0;i < 4;i + +){
    setviewport(22 + 245 * (i%2),15 + 230 * (i/2),242 + 245 * (i%2),235
+ 230 * (i/2),1);
            x0 = 22 + 245 * (i%2);
```

```
           y0 = 15 + 230 * (i/2);
           xm = 242 + 245 * (i%2);
           ym = 235 + 230 * (i/2);
           hdc = ::GetDC(m_hWnd);
           ASSERT(hdc);
           ::SetViewportOrgEx(hdc,22 + 245 * (i%2),15 + 230 * (i/2),&p);
           ::SetViewportExtEx(hdc,242 + 245 * (i%2),235 + 230 * (i/
2),&s);


           setfillstyle(1,7);
           bar(0,0,219,220);
           setcolor(4);
           line(0,110,220,110);
           line(110,0,110,220);
           DrawLine(0 + x0, 110 + y0, 220 + x0, 110 + y0, 0x00000000); x 轴
           DrawLine(110 + x0, 0 + y0, 110 + x0, 220 + y0, 0x00000000); y 轴
           DrawLine(0, 110, 220, 110, 0x00000000);
           DrawLine(110, 0, 110, 220, 0x00000000);
           dr(199,110,20,6,4,2);
           dr(110,22,20,6,4,1);
       POINT pt[] = {{220 + x0,110 + y0}, {220 + x0 - 6,110 + y0 + 2},
   {220 + x0 - 6,110 + y0 - 2}};
           DrawPolygon(pt, 3, 0x000000ff, 1); x 轴箭头
       POINT pt1[] = {{110 + x0,0 + y0}, {110 + x0 - 2,0 + y0 + 6},
   {110 + x0 + 2,0 + y0 + 6}};
           DrawPolygon(pt1, 3, 0x000000ff, 1); y 轴箭头
           DrawRect(199 + x0, 110 + y0, 199 + x0 + 20, 110 + x0 + 6,
0x000000ff);
           DrawRect(110 + x0, 22 + y0, 110 + x0 + 20, 22 + y0 + 6,
0x000000ff);

       setcolor(1);
           for(j = 1;j < 199;j + +) {
```

```
point0 = xx * aa[ j - 1][ i] ;
if( point0 > 30000 | | point0 < - 30000) continue;
k = ( int) point0;
point1 = xx * aa[ j][ i] ;
if( point1 > 30000 | | point1 < - 30000) continue;
k1 = ( int) point1;
line( 10 + j,110 - k,11 + j,110 - k1) ;
if ( 11 + x0 + j > x0 && 11 + x0 + j < xm && 110 + y0 - k1 > y0 &&
110 + y0 - k1 < ym &&
    10 + x0 + j > x0 && 10 + x0 + j < xm && 110 + y0 - k > y0 &&
110 + y0 - k < ym)
      {
      DrawLine( 10 + x0 + j, 110 + y0 - k, 11 + x0 + j, 110 + y0 - k1,
0x00000000) ;
      DrawLine( 10 + j, 110 - k, 11 + j, 110 - k1, 0x00000000) ;
         }
      DrawLine( 10 + x0 + j, 110 + y0 - k, 11 + x0 + j, 110 + y0 - k1,
0x00000000) ;
         }


      setcolor( 0) ;
      if( i = = 0) {
      outtextxy( 200,95,"x") ;
      outtextxy( 85,15,"Ex + 100") ;
      outtextxy( 85,200," - 100") ;
      Draw 质量分数 text( 200 + x0, 95 + y0, "x", strlen( "x") ) ;
      Draw 质量分数 text( 85 + x0, 15 + y0, "Ex + 100", strlen( "Ex
+ 100") ) ;
      Draw 质量分数 text( 85 + x0, 200 + y0, " - 100", strlen
( " - 100") ) ;
      sprintf( ss," - % dmm",r1) ;
      char ss[ 30] ;
      : : sprintf( ss, " - % dmm", r1) ;
```

```
            outtextxy(5,115,ss);
            Draw 质量分数 text(5 + x0, 115 + y0, ss, strlen(ss));
            ::sprintf(ss," + % d",r1);
            outtextxy(180,115,ss);
            Draw 质量分数 text(180 + x0, 115 + y0, ss, strlen(ss));
        }

    if(i = =1) {
            outtextxy(200,95,"x");
            outtextxy(85,15,"Ey + 100");
            outtextxy(85,200," - 100");
            sprintf(ss," - % dmm",r1);
            outtextxy(5,115,ss);
            sprintf(ss," + % d",r1);
            outtextxy(180,115,ss);

            Draw 质量分数 text(200 + x0, 95 + y0, "x", strlen("x"));
            Draw 质量分数 text(85 + x0, 15 + y0, "Ey + 100", strlen("Ey
+100"));
             Draw 质量分数 text(85 + x0, 200 + y0, " - 100", strlen
(" -100"));
            char ss[30];
            ::sprintf(ss, " - % dmm", r1);
            Draw 质量分数 text(5 + x0, 115 + y0, ss, strlen(ss));
            ::sprintf(ss," + % d",r1);
            Draw 质量分数 text(180 + x0, 115 + y0, ss, strlen(ss));
        }

    if(i = =2) {
                outtextxy(200,95,"y");
            outtextxy(85,15,"Ex + 100");
            outtextxy(85,200," - 100");
            sprintf(ss," - % dmm",l1/2);
```

```
            outtextxy(5,115,ss);
            sprintf(ss," + % d",l1/2);
            outtextxy(180,115,ss);
            Draw 质量分数 text(200 + x0, 95 + y0, "y", strlen("y"));
            Draw 质量分数 text(85 + x0, 15 + y0, "Ex + 100", strlen
("Ex + 100"));
            Draw 质量分数 text(85 + x0, 200 + y0, " - 100", strlen
(" - 100"));
            char ss[30];
            ::sprintf(ss, " - % dmm", l1/2);
            Draw 质量分数 text(5 + x0, 115 + y0, ss, strlen(ss));
            ::sprintf(ss," + % d",l1/2);
            Draw 质量分数 text(180 + x0, 115 + y0, ss, strlen(ss));
        }

    if(i = =3) {
        outtextxy(200,95,"y");
        outtextxy(85,15,"Ey + 100");
        outtextxy(85,200," - 100");
        sprintf(ss," - % dmm",l1/2);
        outtextxy(5,115,ss);
        sprintf(ss," + % d",l1/2);
        outtextxy(180,115,ss);

        Draw 质量分数 text(200 + x0, 95 + y0, "y", strlen("y"));
        Draw 质量分数 text(85 + x0, 15 + y0, "Ey + 100", strlen
("Ey + 100"));
        Draw 质量分数 text(85 + x0, 200 + y0, " - 100", strlen
(" - 100"));
        char ss[30];
        ::sprintf(ss, " - % dmm", l1/2);
        Draw 质量分数 text(5 + x0, 115 + y0, ss, strlen(ss));
        ::sprintf(ss," + % d",l1/2);
```

```
        Draw 质量分数 text(180 + x0, 115 + y0, ss, strlen(ss));
    }


        ::SetViewportOrgEx(hdc,p. x,p. y,NULL);
        ::SetViewportExtEx(hdc,s. cx,s. cy,NULL);
        ::ReleaseDC(m_hWnd, hdc);
    }

        setviewport(0,0,639,479,1);
        ::ReleaseDC(m_hWnd, hdc);

} while(0);

/*

        CRect rc;
        ::GetClientRect(m_hWnd, &rc);
        ::InvalidateRect(m_hWnd, &rc, FALSE);
    */
```

13.4   偏压电场内运动模块

```
    void CDemoFunc::Bias_Move(int e, int m, int d, int q, int vx, int vy,
BOOL trace)
    {
    int tt, c, dd;

    m_csParamsChange. Unlock(); lock is set in DoDemoFunc().
    tt 为速度控制,范围 0 ~ 1000。
    /*
    PaintBox1 - > Canvas - > Pen - > Color = clBlue;
    PaintBox1 - > Canvas - > Pen - > Mode = pmXor;
    PaintBox1 - > Canvas - > Rectangle(10,240 - d/2,500,240 + d/2);
    */
```

```
tt = 900;c = 0;dd = 0;
m_csParamsChange. Lock( );
m_bCanRedraw = TRUE;
m_csParamsChange. Unlock( );
while( StopDemoLoop( )  = = TRUE){
  double s1, s2;
/ *
  g_pDemo − > m_csParamsChange. Lock( );
  tt = g_pDemo − > m_demoparams. panel_params. num_mu;
```
在粒子蒸发的微观显示中用 num_mu 调整输出速度,为保持一致这里也同样处理。
```
  g_pDemo − > m_csParamsChange. Unlock( );
  */
    for( int t = 0; StopDemoLoop( ) = = TRUE; t + + ) {
    s1 = − ( double) vy * t + t * t * e * q/2. 0/m * 6. 02/10;
    s2 = ( double) vx * t;

    g_pDemo − > m_csParamsChange. Lock( );
    tt = g_pDemo − > m_demoparams. panel_params. num_mu;
```
在粒子蒸发的微观显示中用 num_mu 调整输出速度,为保持一致这里也这样做。
```
    g_pDemo − > m_csParamsChange. Unlock( );

    if( s1 > ( d/2 − 15) | | s1 < ( − d/2 + 15))
    {Sleep( 3000 − 3 * tt) ;break;}
    if( s2 > 410 | | s2 < − 50)
    {Sleep( 3000 − 3 * tt) ;break;}

    c = s2 + 70;dd = s1 + 240; 小球初始坐标( 70, 240)

    if( c!  = 0 | | dd!  = 0) {
        / * 擦除原来的痕迹 */
        qi( c,dd,0,10,0x00ff00) ;
```

```
        if ( trace < = 0 )
        {
            POINT p = {0, 240 - d/2};
            SIZE s = {800, d};重绘小球运动的区域,其他区域不变。
            CRect rc(p, s);
            Refresh(&rc);能清除掉原来的痕迹。
        }
        }


        DrawEllipse(c - 10, dd - 10, c + 10, c + 10, 0x0000ff00);
        qi(c,dd,0,10,DEMOCOLOR_CURRENT2);
        Sleep(1000 - tt);
        }
    }


    m_csParamsChange. Lock( );
    m_bCanRedraw = FALSE;
    m_csParamsChange. Unlock( );
}
```

13.5 粒子运动模块

```
    void CDemoFunc::ParticleMove(int en, int mu, int db, int le, int dd, int u,
double danu, int xx, int r1, int l1, int lh, int ll, int dh, ab1 * name, int kk)
    {
    m_csParamsChange. Unlock( );lock is set in DoDemoFunc( ).

#define PP 0.018
#define BUFLEN 8000

    int r,l,dx,dy,c,d,k,i,j,a,x1,y1,x2,y2;
    float lr,q,q1,q2,pr;
    char t,ttt = 0,dw;
    double v,k1,s[4][5],as1,ds1,vv,v1,b1;
    float * dr, * dl, * da, * vx, * vy, * vz;
```

```
char * va, * lie, * nx;
double ez,ep,ez1,ep1,ez2,ep2,ez3,ep3,ez4,ep4,el,rx,vyy;
float n[MAXELEMS][10],nn = 0;
char chr[20];
int x,y,ff,key = 0;

CPoint cp;

if(en < 0)en = 0;
if(u < 0)u = 0;

if((dr = (float  * )malloc(BUFLEN * sizeof(float))) = = NULL){return;}
if((dl = (float  * )malloc(BUFLEN * sizeof(float))) = = NULL){return;}
if((da = (float  * )malloc(BUFLEN * sizeof(float))) = = NULL){return;}
if((vx = (float  * )malloc(BUFLEN * sizeof(float))) = = NULL){return;}
if((vy = (float  * )malloc(BUFLEN * sizeof(float))) = = NULL){return;}
if((vz = (float  * )malloc(BUFLEN * sizeof(float))) = = NULL){return;}
if((va = (char  * )malloc(BUFLEN * sizeof(char))) = = NULL){return;}
if((lie = (char  * )malloc(BUFLEN * sizeof(char))) = = NULL){return;}
if((nx = (char  * )malloc(BUFLEN * sizeof(char))) = = NULL){return;}
ff = 0;

for(c = 0;c < 4;c + + )for(d = 0;d < 10;d + + ) n[c][d] =0;
for(i = 0;i < 4;i + + )for(a = 0;a < 5;a + + ) s[i][a] =0;
lr = (float)1.0 * ll/r1;el = ll/2;rx = 1.0 * r1 * r1;

q = 2.0 * 3.1415926 * 8.85 * 0.000000000001 * ll * (float)u/log(r1/10);

q1 =0.5 * u/(1+lr);q2=q-q1-q1; q2 =ll * u/(ll+r1); q1 =r1 * u/(2 * (ll +r1))
for(r = 0;(r < = 300)&&((1.414 * r +lr * r) < =400);r + + );
r - - ;l = lr * r;pr = (float)1.0 * r1/r;
v1 = (double)1.0 * r1 * db * PI * le/10000;
dx = 480 - r;
```

```
dy = 440 - 0. 707 * r - l/2;
setcolor(15);
x2 = -l/2;
y2 = x2 - 0. 707 * r;
x1 = (int)(dy - (dd/pr - le/pr/2));
y1 = (int)(dy - (dd/pr + le/pr/2));

for(i = 0;i < BUFLEN;i + +){ * (lie + i) = 1;}

SetCanDraw();

DrawEllipse(dx - r,dy + x2 - r * 0. 707,dx + r,dy + x2 + r * 0. 707,DEMO-
COLOR_STATIC1);
     DrawEllipse(dx - r,dy - x2 - r * 0. 707,dx + r,dy - x2 + r * 0. 707,DEMO-
COLOR_STATIC1);
     DrawLine(dx + r,dy + x2,dx + r,dy - x2,DEMOCOLOR_STATIC1);

int x0 = 180, y0 = 0, xm = dx - 1, ym = dy + l/2 + 0. 707 * r;
     DrawEllipse(dx - 180 - r + x0,dy + x2 - r * 0. 707 + y0,dx - 180 + r + x0,
dy + x2 + r * 0. 707 + y0,DEMOCOLOR_STATIC1);
     DrawEllipse(dx - 180 - r + x0,dy - x2 - r * 0. 707 + y0,dx - 180 + r + x0,
dy - x2 + r * 0. 707 + y0,DEMOCOLOR_STATIC1);
     DrawLine(dx - r - 180 + x0,dy + l/2 + y0,dx - r - 180 + x0,dy - l/2 + y0,
DEMOCOLOR_STATIC1);
     DrawLine(480,x1,480,y1,DEMOCOLOR_STATIC1,3); 源靶
     DrawEllipse(dx - ll/pr,dy + ( - dh + ll/2)/pr - ll/pr * 0. 707,dx + ll/pr,
dy + ( - dh + ll/2)/pr + ll/pr * 0. 707,DEMOCOLOR_STATIC2);
     DrawEllipse(dx - ll/pr,dy + ( - dh - ll/2)/pr - ll/pr * 0. 707,dx + ll/pr,
dy + ( - dh - ll/2)/pr + ll/pr * 0. 707,DEMOCOLOR_STATIC2);
     DrawLine(dx + ll/pr,dy + ( - dh - ll/2)/pr,dx + ll/pr,dy + ( - dh + ll/
2)/pr,DEMOCOLOR_STATIC2);
     DrawEllipse(dx - ll/pr,dy + ( - dh + ll/2)/pr - ll/pr * 0. 707,dx + ll/pr,
dy + ( - dh + ll/2)/pr + ll/pr * 0. 707,DEMOCOLOR_STATIC2);
```

```
    DrawEllipse(dx - ll/pr,dy + ( - dh - ll/2)/pr - ll/pr * 0. 707,dx + ll/pr,
dy + ( - dh - ll/2)/pr + ll/pr * 0. 707,DEMOCOLOR_STATIC2);
    DrawLine(dx - ll/pr,dy + ( - dh - ll/2)/pr,dx - ll/pr,dy + ( - dh + ll/
2)/pr,DEMOCOLOR_STATIC2);
    DrawLine(dx,dy + y2,dx,dy - y2,0x00000000);中轴线
    /* 这前面是绘制容器和焊件 */


    while(StopDemoLoop( ) = = TRUE) {
    while(1) {
        extern CDemoFunc * g_pDemo;
        g_pDemo - > m_csParamsChange. Lock( );
        en = g_pDemo - > m_demoparams. panel_params. en;
        u = g_pDemo - > m_demoparams. panel_params. vot_u;
        g_pDemo - > m_csParamsChange. Unlock( );


        for(c = 0;c < xx;c + + )
        for(d = 0;d < = name[c]. yy;d + + ) {
            v = (double)((double)en/mu - name[c]. bo)/name[c]. ato;
            if(v < 0)continue;
            if(v < 3. 2) {
                v = v * (double)10000;b1 = 100;
            } else if(v < 320) {
                v = v * (double)100;b1 = 10;
            } else b1 = 1;


            y = (int)v;
            k1 = 0. 0000000000000001;
        if(y > = 1)
            k1 = (double)mu * name[c]. co * name[c]. vaco[d]/
100000. 0 * v1;


            k = (int)(k1 + s[c][d]);
            s[c][d] = s[c][d] + (double)k1 - k;
```

```
            i = 0;
            double b;
            for(a = 0.5;a < k;){
            for(b = 0.5;b < k1;){
if(i == BUFLEN){printf(" \a");
            free(dr); free(dl);
            free(da); free(vx);
            free(vy); free(vz);
            free(va); free(lie);
            free(nx);
            AfxMessageBox("OverRun!");
            return;
                }
if(!* (lie + i)){i + + ;continue;}
            a + + ;
            b + + ;
if((int)(v + 1) > 1)
            * (vx + i) = (float)random((int)(v + 1));
else * (vx + i) = 0;
if((int)(v - * (vx + i)) > 1)
            * (vy + i) = (float)random((int)(v - * (vx + i) + 1));
 else * (vy + i) = 0;
            * (vz + i) = (float)(v - * (vx + i) - * (vy + i));
 if( * (vz + i) < 0) * (vz + i) = 0;
            * (vx + i) = - sqrt((double) * (vx + i));
if(random(2))
            * (vy + i) = sqrt((double) * (vy + i));
else
            * (vy + i) = - sqrt((double) * (vy + i));
 if(random(2))
            * (vz + i) = sqrt((double) * (vz + i));
else
```

```
                    * ( vz + i) = - sqrt( ( double) * ( vz + i) ) ;
                    * ( va + i) = name[ c] . va[ d] ;
                    * ( vx + i)/ = b1 ;
                    * ( vy + i)/ = b1 ;
                    * ( vz + i)/ = b1 ;
                    * ( nx + i) = c ;
                    * ( lie + i) = 0 ;
                    * ( dr + i) = r1 ;
                    * ( dl + i) = random( le + 1) - le/2 + dd ;
                    * ( da + i) = random( db + 1) - db/2 ;


              as1 = ( double) * ( dr + i) * cos( ( double) * ( da + i) * PI)/pr + dx ;
              ds1 = ( - ( double) * ( dl + i)/pr + * ( dr + i) * sin( ( double)
    * ( da + i) * PI)/pr * 0. 707) + dy ;
              COLORREF color = GetPixel( ( int) as1, ( int) ds1) ;
              if ( ( color&0x00ffffff) ! = DEMOCOLOR_STATIC1 &&
                ( color&0x00ffffff) ! = DEMOCOLOR_STATIC2)
     DrawPixel( ( int) as1, ( int) ds1,
                name[ * ( nx + i) ] . color/ * DEMOCOLOR_CURRENT * /) ;
                        i + + ;
                }          / * for( a = 0. 5;a < k;) * /
        }        / * for( c = 0;c < xx;c + +)for( d = 0;d < name[ c] . yy;d + +) * /


      DrawEllipse( dx - r, dy + x2 - r * 0. 707, dx + r, dy + x2 + r * 0. 707,
    0x00000000) ;
              for( i = 0;i < BUFLEN;i + + ) {
                    if( * ( lie + i) ) continue ;
                    if( kk) {
              as1 = ( double) * ( dr + i) * cos( ( double) * ( da + i) * PI)/pr + dx ;
              ds1 = ( - ( double) * ( dl + i) + ( double) *
    ( dr + i) * sin( ( double) * ( da + i) * PI) * 0. 707)/pr + dy ;
                    COLORREF color = GetPixel( ( int) as1, ( int) ds1) ;
                    if ( ( color&0x00ffffff) ! = DEMOCOLOR_STATIC1 &&
```

```
                    (color&0x00ffffff)！＝DEMOCOLOR_STATIC2)
                DrawPixel((int)as1,(int)ds1,DEMOCOLOR_TRACE);
                    }
            else｛ 若不连线,则在轨迹上画 DEMOCOLOR_INVAL。
    as1=(double)＊(dr+i)＊cos((double)＊(da+i)＊PI)/pr+dx;
    ds1=(－(double)＊(dl+i)+(double)＊(dr+i)＊sin((double)＊
(da+i)＊PI)＊0.707)/pr+dy;
                COLORREF color ＝ GetPixel((int)as1,(int)ds1);
                if((color&0x00ffffff)！＝DEMOCOLOR_STATIC1 &&
                (color&0x00ffffff)！＝DEMOCOLOR_STATIC2)
                DrawPixel((int)as1,(int)ds1,DEMOCOLOR_INVAL);
                ｝


    as1=(double)＊(dr+i)＊cos((double)＊(da+i)＊PI)+＊(vx+i);
    ds1=(double)＊(dr+i)＊sin((double)＊(da+i)＊PI)+＊(vz+i);
        ＊(dl+i)＝＊(dl+i)+＊(vy+i);
        vv=sqrt((double)(ds1＊ds1+as1＊as1));
        ＊(dr+i)＝(float)vv;
    if((int)＊(dr+i)＞ll)dw=1;
    else dw=0;
        ＊(da+i)＝(float)asin((double)ds1/vv)＊IP;
        if(as1<0){
                if(＊(da+i)＞0)＊(da+i)－＝180;
                else ＊(da+i)+＝180;
            }
        if(＊(dr+i)＞＝r1 ‖＊(da+i)＞＝90‖＊(da+i)<＝－90‖
            ＊(dl+i)＞＝ll/2‖＊(dl+i)<＝－ll/2)｛
                ＊(lie+i)＝1;
        if(dw&&(＊(da+i)＞＝90‖＊(da+i)<＝－90)&&
        (dl+i)<＝(dh+lh/2)&&＊(dl+i)＞＝
        (dh－lh/2)&&(＊(dr+i)＊sin((double)＊
        (da+i)＊PI)<＝ll/2))｛
                n[＊(nx+i)][＊(va+i)]++;
```

n[* (nx + i)][5] + + ;nn + + ;
　　　　　　}
　　　　}
　　else {
　　if((* (dr + i) < ll)&&(* (dl + i) <= (dh + lh∕2)&& * (dl + i)
> = (dh − lh∕2))) {
　　　　　　 * (lie + i) = 1;
　　　　　　n[* (nx + i)][* (va + i)] + + ;
　　　　　　n[* (nx + i)][5] + + ;nn + + ;
　　　　}else {
　　as1 = (double) * (dr + i) * cos((double) * (da + i) * PI)∕pr + dx;
　　ds1 = (−(double) * (dl + i) + (double) * (dr + i) * sin((double) *
(da + i) * PI) *0.707)∕pr + dy;
　　　　　　COLORREF color = GetPixel((int)as1, (int)ds1);
　　　　if ((color&0x00ffffff)! = DEMOCOLOR_STATIC1 &&
　　　　(color&0x00ffffff)! = DEMOCOLOR_STATIC2)
　　　　DrawPixel((int)as1, (int)ds1, name[* (nx + i)].color∕ *
DEMOCOLOR_CURRENT * ∕);
　　　　DrawPixel((int)as1, (int)ds1, DEMOCOLOR_INVAL);
　　　　q =2.0 * 3.1415926 * 8.85 * 0.00000000001 * ll * (float) u∕
log(r1∕10);

　　　　q1 = u∕2∕(1 + lr);
　　　　q2 = q − q1 − q1;
　　　　ez1 = q1 * (* (dl + i) + el)∕((* (dl + i) + el) * (* (dl + i) + el) +
rx)∕sqrt((* (dl + i) + el) * (* (dl + i) + el) + rx) * (1 − * (dr +
i)∕r1);
　　　　ez1 = ez1 + (double) * (dr + i) * q1∕r1 *2 * (* (dl + i) + el)∕((* (dl
+ i) + el) * (* (dl + i) + el) +4 * rx)∕sqrt((* (dl + i) + el) * (*
(dl + i) + el) +4 * rx);
　　　　ep1 = q1 * (double) * (dr + i)∕((* (dl + i) + el) * (* (dl
+ i) + el) +4 * rx)∕sqrt((* (dl + i) + el) * (* (dl + i) +
el) + rx * 4);
　　　　ez2 = q1 * (* (dl + i) − el)∕((* (dl + i) − el) * (* (dl +

```
i) - el) + rx)/sqrt(( * (dl + i) - el) * ( * (dl + i) - el) +
rx) * (1 - * (dr + i)/r1);
ez2 = ez2 + (double) * (dr + i) * q1/r1 * 2 * ( * (dl + i) -
el)/(( * (dl + i) - el) * ( * (dl + i) - el) + 4 * rx)/sqrt
(( * (dl + i) - el) * ( * (dl + i) - el) + 4 * rx);
ep2 = q1 * (double) * (dr + i)/(( * (dl + i) - el) * ( * (dl
+ i) - el) + 4 * rx)/sqrt(( * (dl + i) - el) * ( * (dl + i) -
el) + 4 * rx);
ez3 = (1 - * (dr + i)/r1) * q2/l1 * (1/sqrt((el - 2 * * (dl
+ i)) * (el - 2 * * (dl + i)) + rx) - 1/sqrt((el + 2 * * (dl
+ i)) * (el + 2 * * (dl + i)) + rx));
ez3 = ez3 + * (dr + i) * q2 * 2/r1/l1 * (1/sqrt((el - 2 * *
(dl + i)) * (el - 2 * * (dl + i)) + 4 * rx) - 1/sqrt((el + 2 *
* (dl + i)) * (el + 2 * * (dl + i)) + 4 * rx));
ep3 = * (dr + i) * q2/el/2/rx * ((el - 2 * * (dl + i))/sqrt
((el - 2 * * (dl + i)) * (el - 2 * * (dl + i)) + 4 * rx));

ep3 = ep3 + * (dr + i) * q2/el/2/rx * ((el + 2 * * (dl + i))/
sqrt((el + 2 * * (dl + i)) * (el + 2 * * (dl + i)) + 4 * rx));
if((el - 2 * * (dl + i)) * (el - 2 * * (dl + i)) + * (dr + i) *
* (dr + i)! = 0&&(el + 2 * * (dl + i)) * (el + 2 * * (dl +
i)) + * (dr + i) * * (dr + i)! = 0);
ez4 = q/l1 * (1/sqrt((el - 2 * * (dl + i)) * (el - 2 * * (dl +
i)) + * (dr + i) * * (dr + i)) - 1/sqrt((el + 2 * * (dl + i))
* (el + 2 * * (dl + i)) + * (dr + i) * * (dr + i)));
else ez4 = 0;
if( * (dr + i)! = 0) {
ep4 = q/l1/(double) * (dr + i) * ((el - 2 * * (dl + i))/sqrt
((el - 2 * * (dl + i)) * (el - 2 * * (dl + i)) + * (dr + i) *
* (dr + i)));

ep4 = ep4 + q/l1/(double) * (dr + i) * ((el + 2 * * (dl +
i))/sqrt((el + 2 * * (dl + i)) * (el + 2 * * (dl + i)) + *
```

```
                    (dr + i) * * (dr + i)));
            else ep4 = 0;
            ez = ez1/3. 1623 + ez2/3. 1623 + ez3 * 10000. 0 - ez4 * 10000. 0;
ep = ep1/3. 1623 + ep2/3. 1623 - ep3 * 10000. 0 - ep4 * 10000. 0;
            ep = ep * PP; ez = ez * PP;


    * (vx + i) + = (float) ep/(float) name[ * (nx + i)]. ato * * (va + i) * cos
((double) * (da + i) * PI);
    * (vy + i) + = (float) ez/(double) name[ * (nx + i)]. ato * * (va + i);
    * (vz + i) + = (float) ep/(float) name[ * (nx + i)]. ato * * (va + i) * sin
((double) * (da + i) * PI);
                            }           / * else * /
                    }           / * else * /


        }       / * for(i = 0; i < BUFLEN; i + +) * /
设置元素质量分数面板的值。
    {
        m_csPmData. Lock();

        for (int i = 0; i < MAXELEMS; i + +)
            for (int j = 0; j < 10; j + +)
            {
            g_pDemo - > m_demoparams. pd. n[i][j] = n[i][j];
            }
            g_pDemo - > m_demoparams. pd. nn = nn;
            m_csPmData. Unlock();
        }
    }       / * while(1) * /


ResetCanDraw();

    free(dr);
    free(dl);
```

```
      free(da);
      free(vx);
      free(vy);
      free(vz);
      free(va);
      free(lie);
      free(nx);


#undef PP
#undef BUFLEN
   }
```

13.6 粒子附着模块

```
   void CDemoFunc::ParticleDown(int ene, int dea, double danu, int u, int
kin, struct ab * me)
   {
m_csParamsChange.Unlock(); lock is set in DoDemoFunc().
#define PP 80
#define BUFLEN 16000


int *autx, *auty, *autz, *autxv, *autyv, *autzv, *autdd;
char - *autm, *autlie;
int z,a,o,i,j,b,c=0,jj,rr,dd;
int ent,q,col,vv,key=0;
float k,r,ener,s[5],s2;
float aa;
int sum=0,sum1,s1[5];
double v0,v1;
if((autx=(int *)malloc(BUFLEN * sizeof(int)))==NULL)return;
if((auty=(int *)malloc(BUFLEN * sizeof(int)))==NULL)return;
if((autz=(int *)malloc(BUFLEN * sizeof(int)))==NULL)return;
if((autxv=(int *)malloc(BUFLEN * sizeof(int)))==NULL)return;
```

```
if( ( autyv = ( int * ) malloc( BUFLEN * sizeof( int ) ) ) = = NULL) return;
if( ( autzv = ( int * ) malloc( BUFLEN * sizeof( int ) ) ) = = NULL) return;
if( ( autm = ( char * ) malloc( BUFLEN * sizeof( char ) ) ) = = NULL) return;
if( ( autlie = ( char * ) malloc( BUFLEN * sizeof( char ) ) ) = = NULL) return;
if( ( autdd = ( int * ) malloc( BUFLEN * sizeof( int ) ) ) = = NULL) return;
s2 = dea;
for( i = 0; i < 5; i + + ) { s[ i ] = 0; s1[ i ] = 0; }


/ *
PaintBox1 - > Canvas - > Pen - > Color = clGray;
PaintBox1 - > Canvas - > Rectangle( 450, 8, 499, 341 );
bar( 450, 8, 499, 341 );
PaintBox1 - > Canvas - > Rectangle( 450, 100, 499, 250 );
bar( 450, 100, 499, 250 );
PaintBox1 - > Canvas - > Pen - > Color = clBlue;
PaintBox1 - > Canvas - > MoveTo( 450, 100 );
PaintBox1 - > Canvas - > LineTo( 450, 250 );
line( 450, 100, 450, 250 );
PaintBox1 - > Canvas - > Rectangle( 450, 8, 499, 341 );
bar( 450, 8, 499, 341 );
PaintBox1 - > Canvas - > Rectangle( 450, 100, 499, 250 );
bar( 450, 100, 499, 250 );
PaintBox1 - > Canvas - > MoveTo( 450, 100 );
PaintBox1 - > Canvas - > LineTo( 450, 250 );
line( 450, 100, 450, 250 );
* /


memset( autx, 0, sizeof( BUFLEN * sizeof( int ) ) );
memset( auty, 0, sizeof( BUFLEN * sizeof( int ) ) );
memset( autz, 0, sizeof( BUFLEN * sizeof( int ) ) );
memset( autxv, 0, sizeof( BUFLEN * sizeof( int ) ) );
memset( autyv, 0, sizeof( BUFLEN * sizeof( int ) ) );
memset( autzv, 0, sizeof( BUFLEN * sizeof( int ) ) );
```

```
memset(autdd, 0, sizeof(BUFLEN * sizeof(int)));
memset(autm, 0, sizeof(BUFLEN * sizeof(char)));

col = 4;
for(i = 0; i < BUFLEN; i + +){autlie[i] = 0;}
o = 0;
c = me[0]. ato;
for(i = 1; i < kin; i + +){
        if (c < me[i]. ato)c = me[i]. ato;
}

PaintBox1 - > Canvas - > Pen - > Color = clYellow;
PaintBox1 - > Canvas - > Rectangle(10,50,30,150);

c = sqrt(dea) * sqrt(c); if(c < 1)c = 1;
if(c > 100)c = 100;
ent = 0; ener = ene/dea;
b = c + 510;
b = ene/300 + 510;
```

DrawRect(11,8,30,8 + 50,DEMOCOLOR_STATIC1,1); 画接收粒子的那一条
边上半部。
DrawRect(11,341 - 50,30,341,DEMOCOLOR_STATIC1,1); 画接收粒子的那
一条边下半部。
DrawRect(11,8 + 50,30,341 - 50,DEMOCOLOR_STATIC2,2); 画接收粒子的
区域。

```
unsigned long archvNum = 0;
unsigned int thick = 30;

SetCanDraw();

while(StopDemoLoop() = = TRUE){
```

```
g_pDemo - > m_csParamsChange. Lock( );
ene  = g_pDemo - > m_demoparams. panel_params. en;
c  = g_pDemo - > m_demoparams. panel_params. num_mu;
g_pDemo - > m_csParamsChange. Unlock( );
c  = sqrt( dea) * sqrt( c) ;
if( c < 1 ) c = 1;
if( c > 100 ) c = 100;
ener = ene/dea;
b = c + 510;
b = ene/300 + 510;


sum1 = - 1;

for( i = 0;i <= sum;i + + ) {
          if( autlie[ i] = = 0) continue;
          sum1 = i;
          if
( ( autx[ i] <= 1000) || ( auty[ i] <= 850) || ( autx[ i] > 23000)
|| ( auty[ i] > = 16700) || ( autz[ i] < - 2500) || ( autz[ i] > 2500) )
          autlie[ i] = 0;
}


j = - 1;
for( jj = 0;jj < kin;jj + + ) { if( ( ener - me[ jj]. bo) < 0) continue;
v0 = 25 * ( ener - me[ jj]. bo)/me[ jj]. ato; if( v0 < 1 ) continue;
if( v0 > 32000) { b = ( int) ( v0/100) ;dd = 10000; } else
if( v0 < 0. 032) { b = ( int) ( v0 * 1000000) ;dd = 1; } else
if( v0 < 3. 2) { b = ( int) ( v0 * 10000) ;dd = 10; }  else
if( v0 < 320) { b = ( int) ( v0 * 100) ;dd = 100; } else { b = ( int) v0;dd = 1000; }

if( b = = 0) continue;
( float) s[ jj] = s[ jj] + s2 * me[ jj]. co/100 - s1[ jj] ;
```

```
(int) s1[jj] = s[jj];
for(i = 0; i < s1[jj]; i + +){j + +;
if(j > = BUFLEN - 1 || j < 0){
free(autx);
free(auty);
free(autz);
free(autxv);
free(autyv);
free(autzv);
free(autm);
free(autlie);
free(autdd);
getch();
AfxMessageBox("OverRun!");
return;}
if(autlie[j] = =1) {i - -;continue;}
auty[j] = (random(150) + 100) * 50;
autx[j] = 450 * 50;
autz[j] = (random(100) - 50) * 50;
autlie[j] = 1;
autm[j] = jj;
autdd[j] = dd;
autxv[j] = random(b + 2);
if((b - autxv[j] + 1) > 0)
autyv[j] = random(b - autxv[j] + 1);
else autyv[j] = 0;
if(autyv[j] < 0)
autyv[j] = 0;
autzv[j] = b - autyv[j] - autxv[j];
if(autzv[j] < 0) autzv[j] = 0;
autxv[j] = - (int)(sqrt((double)autxv[j]));
autyv[j] = (int)(sqrt((double)autyv[j]));
autzv[j] = (int)(sqrt((double)autzv[j]));
```

```
if(random(2) = =0) autyv[j] = - autyv[j];
if(random(2) = =0) autzv[j] = - autzv[j];
}for(i =0;i < s1[jj];i + +)
}for(jj =0;jj < kin;jj + +)
if(sum1 < j)sum1 = j;
sum = sum1;
o = ( + +o)%2;
PaintBox1 - > Canvas - > Pen - > Color = clRed;
PaintBox1 - > Canvas - > Rectangle(11,8,449,341);
DrawRect(11, 8, 449, 341, DEMOCOLOR_STATIC1);
bar(11,8,449,341);
for(i =0;i < = sum;i + +){
if(autlie[i] = =0) continue;
if(me[autm[i]].ato <128){
if(me[autm[i]].ato <54){
if(me[autm[i]].ato <16)r =0;else r =1;}else r =2;}
else if(me[autm[i]].ato <250)r =3;else r =4;

(int)rr = r + (float)r * autz[i]/2500.0;

qi( * (autx + i)/50, * (auty + i)/50,0,rr,5 - * (autm + i));

if( * (autx + i)/50 <295)
    PaintBox1 - > Canvas - > Ellipse( * (autx + i)/50 - rr, * (auty + i)/50
- rr, * (autx + i)/50 + rr, * (auty + i)/50 + rr);
        if (kin = = 1)
                DrawEllipse(autx[i]/50 - rr,auty[i]/50 - rr,autx[i]/50 + rr,
                auty[i]/50 + rr,
                / * me[autm[i]].color * /DEMOCOLOR_CURRENT1, 1);
        else
                DrawEllipse(autx[i]/50 - rr,auty[i]/50 - rr,autx[i]/50 + rr,
auty[i]/50 + rr,
                me[autm[i]].color/ * DEMOCOLOR_CURRENT2 * /, 1);
```

```
        if( * ( autx + i)/50 < = (thick + 10) && * ( autx + i)/50 > = thick
&& * ( auty + i)/50 > = 50 && * ( auty + i)/50 <= 150) {
                archvNum + + ;
                if( archvNum > = 100 && thick <= 295) {
                    archvNum = 0;
                    thick + = 1;
                }
        }
DrawRect(10,50,30,150,0x0000ff00);
DrawRect(11,8,30,8 + 50,DEMOCOLOR_STATIC1,1);画接收粒子的那一条
边上半部。
DrawRect(11,341 - 50,30,341,DEMOCOLOR_STATIC1,1);画接收粒子的那
一条边下半部。
DrawRect(11,8 + 50,30,341 - 50,DEMOCOLOR_STATIC2,2);画接收粒子的
区域。
DrawRect(30,8 + 50,thick,341 - 50,DEMOCOLOR_STATIC2,1);画不断变厚
的涂层。
PaintBox1 - > Canvas - > Pen - > Color = clYellow;
PaintBox1 - > Canvas - > Rectangle(10,50,30,150);
PaintBox1 - > Canvas - > Pen - > Color = clRed;
PaintBox1 - > Canvas - > Rectangle(30,50,thick,150);


aa = autx[i] + (float) autdd[i] * autxv[i] * c/1000.0;
if( aa > 23000||aa < 1000) autlie[i] = 0;else
        {autx[i] = aa;
        aa = auty[i] + (float) autdd[i] * autyv[i] * c/1370.0;
        if( aa > = 16700||aa < 850) autlie[i] = 0;else
        {auty[i] = aa;
        aa = autz[i] + (float) autdd[i] * autzv[i] * c/1000.0;
        if( aa > 2500||aa < - 2500) autlie[i] = 0;else
        autz[i] = aa;}}

        }for( i = 0;i < = sum;i + + )
```

```
Sleep(100);
}
ResetCanDraw();

free(autx);
free(auty);
free(autz);
free(autxv);
free(autyv);
free(autzv);
free(autm);
free(autlie);
free(autdd);
#undef PP
#undef BUFLEN
}
```

附　录

附录1　真空镀膜设备通用技术条件

（中华人民共和国国家标准 GB/T 11164—2011）

1　范围

本标准规定了真空镀膜设备的技术要求、试验方法、检验规则及标志、包装、运输和贮存等要求。

本标准适用于压力在 $10^{-5} \sim 10^{-3} Pa$ 范围的真空蒸发类、溅射类、离子镀类真空镀膜设备（以下简称设备）。

2　规范性引用文件

下列文件对于本文件的应用是必不可少的。凡是注日期的引用文件，仅所注日期的版本适用于本文件。凡是不注日期的引用文件，其最新版本（包括所有的修改单）适用于本文件。

GB/T 191—2008　包装储运图示标志

GB/T 3163—2007　真空技术　术语

GB 5226.1—2008　机械电气安全　机械电气设备　第 1 部分：通用技术条件

GB/T 6070—2007　真空技术　法兰尺寸

GB/T 13306—2011　标牌

GB/T 13384—2008　机电产品包装通用技术条件

GB/T 15945—2008　电能质量　电力系统频率偏差

GB 18209.1—2010 机械电气安全 指示、标志和操作 第 1 部分：关于视觉、听觉和触觉信号的要求

JB/T 7673 真空设备型号编制方法

3 术语和定义

GB/T 3163—2007 界定的以及下列术语和定义适用于本文件。

3.1 极限压力

泵在工作时，空载干燥的真空容器逐渐接近、达到并维持稳定的最低压力。

注：单位为帕（Pa）。

3.2 恢复真空抽气时间

真空系统正常工作时，将空载干燥的镀膜室从大气压（10^5Pa）抽到规定的工作压力所需要的时间。

注：单位为分钟（min）。

3.3 升压率

将空载干燥的镀膜室连续抽气至稳定的最低压力后，停止抽气，在镀膜室内由于漏气或内部放气所造成的单位时间的升压。

注：单位为帕每小时（Pa/h）。

4 技术要求

4.1 设备正常工作条件

4.1.1 环境温度：10～35℃。

4.1.2 相对湿度：不大于 75%。

4.1.3 冷却水进水温度：不高于 25℃。

4.1.4 冷却水质：城市自来水或质量相当的水。

4.1.5 供电电源：380V、三相、50Hz 或 220V、单相、

50Hz（由所用电器需要而定）；电压波动范围 342～399V 或 198～231V；根据 GB/T 15945—2008 中的规定，频率偏差限值为 ±0.5Hz，其频率波动范围 49.5～50.5Hz。

4.1.6 设备所需的压缩空气、液氮、冷热水等压力、温度、消耗量均应在产品使用说明书中写明。

4.1.7 设备周围环境整洁，空气清洁，不应有可引起电器及其他金属件表面腐蚀或引起金属间导电的尘埃或气体存在。

4.2　设备技术参数

4.2.1 设备的主要技术参数应符合表 1 的规定。

表 1　设备的主要技术参数

项次	参　数　名　称		参　数　数　值		
1	镀膜室尺寸分档/mm		300*、320、400、450*、500*、600、630、700*、800*、900、1000*、1100*、1200*、1250、1350、1400、1600*、1800、2000*、2200、2400、2500、2600、3200		
2	真空指标	分　档	A	B	C
		极限压力/Pa	≤5×10⁻⁵	≤5×10⁻⁴	≤5×10⁻³
		抽气时间/min	(10⁵～2×10⁻³Pa) ≤20	(10⁵～7×10⁻³Pa) ≤20	(10⁵～7×10⁻²Pa) ≤20
		升压率/Pa·h⁻¹	≤2×10⁻¹	≤8×10⁻¹	≤2.5
3	沉积源指标	沉积源形式、尺寸、数量及最大耗电功率	根据设计要求		
4	工件架指标	工件架尺寸及转动方式 工件烘烤方式及烘烤温度			
5	离子轰击、工件偏压功率				
6	膜厚监控方式及控制精度				
7	设备控制方式				
8	设备最大耗电量				

注：1. 所列镀膜室的几何尺寸，对圆筒式室体为圆筒内径；对箱式室体为箱体内宽度。带" * "号尺寸优先选用，其他尺寸和其他结构形式的设备可由制造厂参照上述尺寸决定。专用设备由用户与制造厂另订协议。

2. 本尺寸分档作为推荐值，不作考核。

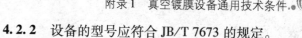

4.2.2　设备的型号应符合 JB/T 7673 的规定。

4.3　结构要求

4.3.1　设备中的真空管道、静动密封零部件的结构形式和尺寸应符合 GB/T 6070—2007 的规定。

4.3.2　在真空管道及镀膜室上应安装真空测试规管，分别测量各部位的压力。

4.3.3　如果设备的主泵为扩散泵时，应在泵的进气口一侧安装油蒸气捕集井。

4.3.4　设备的镀膜室应有观察窗，对在镀膜过程中发生射线的设备，观察窗上应加装防射线镜片。

4.4　制造要求

4.4.1　设备主要零部件制造所用的原材料应符合相应的材料标准的规定，且应具有质量合格证书。如证书不全或产生疑问时应由制造厂检验部门负责复验。

4.4.2　设备的零部件的机械加工质量及设备的焊接质量均应符合制造厂技术文件的规定。

4.4.3　设备的装配质量应符合制造厂技术文件的规定，装配时对工作中处于真空状态的各零部件表面应进行有效的真空清洗处理并予以干燥，各运动件装配后应运动灵活平稳。

4.4.4　设备中镀膜沉积源、离子轰击、工件偏压、工件加热、膜厚监控等装置均应逐项调试和联合调试，性能均应达到设计要求、运行可靠。工件加热过程中设备应能正常运转。

4.4.5　设备所配用的自制或外购的泵、阀、表、计等各类机械、电器元器件都应符合相应产品标准的规定，并应具有质量合格证书或经制造厂检验部门检验合格后方可使用。

4.4.6　设备配套的电器装置的制造质量应符合制造厂技术文件的规定，并应保证设备运行和操作时的安全可靠。装置中线路的排布应整齐清晰、便于检修，装置中各电气回路的绝缘电阻值应符合表 2 的规定。

表 2　电气回路的绝缘电阻值

电压/kV	0.5	0.5~1	1~3	3~10
绝缘电阻/MΩ	≥2	≥2.5	≥3.5	≥6

4.4.7　设备的外观质量应做到没有非功能性需要的尖角、棱角、凸起及粗糙不平表面。零部件结合面边沿应整齐匀称，不应有明显错位。金属零件的镀层应牢固，无变质、脱落及生锈等现象。所有紧固件应有防腐层。设备的涂漆表面应光洁、美观、牢固，无剥落起皮现象。

4.5　安全防护要求

4.5.1　关键部件的水冷系统中应有断水或水压不足的报警装置，并与电源、真空系统、传动系统相关联部分有联锁保护机构，这些保护机构的动作应灵敏可靠。

4.5.2　对装设电磁或气动阀门的设备，镀膜室充气阀与高真空阀及高真空阀与预抽阀均应保持互锁，突然停电时，阀门应能自动关闭。

4.5.3　设备及其附属的电气装置均应装设接地装置，接地处应有明显标记。

4.5.4　设备各单元到相附属的电控柜之间的连接导线和电缆应有防止磨损或碰伤的保护措施，如将其放置在导线管和电缆管道内，安装方法应符合 GB 5226.1—2008 的规定。

4.5.5　设备的电气线路及电气元件应保证不受冷却液、润滑油及其他有害物质的影响。

4.5.6　操作中突然停电后，再恢复供电时应能防止电器自行接通。

4.5.7　在设备电气线路中，针对负载情况应采取短路保护、过电流保护等必要保护措施。

4.5.8　应用高压电源的设备，其装有高压电极的镀膜室的开启与高压线路的接通应有安全联锁装置。

4.5.9　设备中的高压、高频以及其他有可能产生损害人体的辐射部分应安装屏蔽装置，且屏蔽装置亦应接地。

4.5.10　外露的齿轮、皮带轮等应有可靠的防护装置。

4.5.11　液压或气压系统应有压力指示仪表及调节压力的安全装置。

4.5.12　设备的高压危险部位、高温部位、各种电极引线部位、机械传动部位应装设有明显易见的警告标志牌，设备的附属装置上也应装设为操作和安全所必需的标志牌，其应符合 GB 18209.1—2010 的要求。

5　试验方法

5.1　极限压力的测定

5.1.1　试验条件

试验条件如下：

（1）镀膜室内为空载（既不安放被镀件，也不进行沉积），但不得拆去设备正常工作应安装的沉积源、工件架等。

（2）真空测量规管应装于镀膜室壁上或最靠近镀膜室的管道上。

（3）所用真空计应为设备本身的配套仪器，并应在校准有效期内。

（4）允许在抽气过程中用设备本身配有的加热轰击装置对镀膜室进行除气。

（5）对具有中搁板、上卷绕室和镀膜室的卷绕镀膜设备，应在两室同时抽气时对镀膜室的压力进行测试。

5.1.2　测试方法

在对镀膜室连续抽气 24h 之内，测定其压力的最低值，定为该设备的极限压力。当压力变化值在 0.5h 内不超过 5% 时，取测量仪读数最高值为极限压力值，且镀膜室内各旋转密封部位处于运动状态。

5.2　抽气时间的测定

5.2.1　试验条件

同 5.1.1 中 (1)、(2)、(3)、(4)。

5.2.2　测试方法

设备在连续抽气条件下，在镀膜室内达到极限压力之后，打开镀膜室 15min，再关闭镀膜室对其再度抽气至本标准表 1 中所规定的压力值所需的时间，定为该设备的抽气时间。

5.3　升压率的测定

5.3.1　试验条件

同 5.1.1。

5.3.2　测试方法

设备在连续抽气 24h 之内使镀膜室内达到稳定的最低压力之后，关闭与镀膜室相连接的真空阀，待镀膜室压力上升至 P_1（1Pa）时，开始计时，经 1h 后记录 P_2，然后按式 (1) 计算升压率：

$$R = \frac{P_2 - P_1}{t} \tag{1}$$

式中　R——镀膜室的升压率，单位为帕每小时（Pa/h）；

　　　P_1——镀膜室的起始压力，单位为帕（Pa）；

　　　P_2——镀膜室的终止压力，单位为帕（Pa）；

　　　t——压力由 P_1 升至 P_2 的时间，单位为小时（h）。

6　检验规则

6.1　每台设备应经制造厂检验部门检验合格后方能出厂，并附有产品质量合格证。

6.2　设备的检验分形式检验和出厂检验。

6.3　形式检验项目为：本标准 4.2.1 及 4.4.4，4.4.6，4.5

中包含的全部内容。

6.4　在下列情况下应进行形式检验：

（1）试制的新产品；

（2）产品在设计、工艺或所用材料有重大变更时；

（3）同类产品的评比定级时；

（4）产品批量生产时。

6.5　出厂检验

出厂检验应逐台进行，其检验内容为本标准 4.2.1，4.4.4，4.4.6，4.5.1，4.5.2，4.5.7，4.5.8，4.5.10，4.5.11，4.5.12。

7　标志、包装、运输、储存

7.1　标志

7.1.1　每台设备及其附属装置应在明显位置装上产品标牌，标牌应符合 GB/T 13306—2011 的规定，产品标牌上应注明：

（1）制造厂名称；

（2）设备型号及名称；

（3）设备主要技术指标；

（4）制造日期及出厂编号。

7.1.2　每台设备出厂应随带下列文件：

（1）产品合格证；

（2）装箱单；

（3）产品使用说明书。

7.2　包装

7.2.1　设备包装前应对未做防锈处理的金属表面涂以防锈油脂。对整机包装的设备包装前镀膜室应抽成真空状态并关闭所有阀门。装箱前应将设备中的残余积水或废屑清除干净。

7.2.2　设备包装应符合 GB/T 13384—2008 的规定。

7.2.3　包装箱应有起吊、怕湿、重心点、防止倾倒等储运标志，这些标志应符合 GB/T 191—2008 的规定。

7.3 运输

设备的运输方式和运输中所采取的措施应保证设备及其包装不发生损伤；设备在运输中有可能松散的零部件应有防松、垫、托等措施；运输中应有防止设备受到日晒、雨淋和剧烈震动的措施。

7.4 储存

7.4.1 设备应储存在相对湿度不超过 90% 的通风良好的场所，该场所应没有可引起腐蚀的酸、碱蒸气和气体存在，整机包装的设备在存放期间不得破坏其镀膜室的真空状态。

7.4.2 设备储存期超过一年，出厂前应重新进行出厂检验，合格后方能出厂。

附录2 真空技术 术语

（中华人民共和国国家标准 GB/T 3163—2007）

1 范围

本标准规定了真空技术方面的一般术语、真空泵及有关术语、真空计术语、真空系统及有关术语、检漏及有关术语、真空镀膜技术术语、真空干燥和冷冻干燥术语、表面分析技术术语和真空冶金术语。

本标准适用于真空技术方面的技术文件、标准、书籍和手册等有关资料的编写。

2 一般术语

2.1 标准环境条件

温度：20℃
相对湿度：65%
干燥空气大气压力：101325Pa = 1013.25Mbar

2.2 标准气体状态

温度：0℃
压力：101325Pa

2.3 真空

用来描述低于大气压力或大气质量密度的稀薄气体状态或基于该状态环境的通用术语。

2.4　真空区域

事实上根据一定的压力间隔，划分了不同的真空范围或真空度。而在选定真空范围时，会有所不同，下面所列为大致认可的典型真空度范围：

$10^5 \sim 10^2 \, Pa$	低（粗）真空
$10^2 \sim 10^{-1} \, Pa$	中真空
$10^{-1} \sim 10^{-5} \, Pa$	高真空（HV）
$< 10^{-5} \, Pa$	超高真空（UHV）

2.5　压力（符号：p；单位：Pa）

（1）气体作用于表面上的压力。

气体作用于表面上力的法向分量除以该面积（如果存在气体流动，规定表面方向与气体流动方向相对应）。

（2）气体中某一特定点的压力。

气体分子通过位于特定点的小平面时，其在小平面法向上的动量变化率除以该面积（如果存在气体流动，规定平面方向与气体流动方向相对应）。

注：当在静止气体中使用术语"压力"时，是指气体稳态下流动的静压力。

2.6　帕斯卡（符号：Pa）

压力单位名称，其值等于每平方米—牛顿的作用力（国际单位制中的压力单位）。

2.7　分压力（如果 B 为特定成分，其符号为 P_B；单位：Pa）

气体混合物中某一特定组分的压力。

2. 8　全压力（单位：Pa）

当"压力"不能明确区分分压力和它们之和之间的区别时，常用来表示气体混合物所有组分分压力之和。

2. 9　真空度

表示真空状态下气体的稀薄程度，通常用压力值来表示。

2. 10　气体

不受分子间力约束，能自由占据任意可达空间的物质。

注：在真空技术中，"气体"已泛指非可凝性气体和蒸气。

2. 11　非可凝性气体

温度处在临界温度之上的气体，即单纯增加压力不能使其凝结的气体。

2. 12　蒸气

温度处在临界温度以下的气体，即单纯增加压力就能使其凝结的气体。

2. 13　饱和蒸气压（符号：p_L；单位：Pa）

在给定温度下，蒸气与其凝聚相处于热力平衡时蒸气的压力。

2. 14　饱和度

蒸气压力与它的饱和蒸气压力之比。

2. 15　饱和蒸气

在给定温度下，压力等于其饱和蒸气压的蒸气。当蒸气与物质的凝聚相处于热力学平衡时，蒸气始终处于饱和状态。

2.16 未饱和蒸气

在给定温度下，蒸气压力低于其饱和蒸气压的蒸气。

2.17 分子数密度（符号：n；单位：m^{-3}）

t 瞬间，气体中某一点周围选定体积内的分子数目除以该体积。

注：t 指瞬间。更确切地说，是指一段短的延续时间 Δt 的平均值。这段延续时间要合适，以便获得可信的统计平均值。

2.18 给定成分分子浓度（若 B 为给定成分，符号：n_B；单位：m^{-3}）

t 瞬间，混合气体中某一点周围选定容积内的给定成分分子数目除以该体积。

2.19 单位质量密度（符号：ρ_u；单位：$kg/(m^3 \cdot Pa)$）

气体的质量密度除以其压力。

2.20 平均自由程（符号：ι，λ；单位：m）

分子的平均自由程：一个分子和其他气体分子两次连续碰撞之间所走过的平均距离。该平均值应是在足够多的分子数且足够长的时间间隔下得到的统计值（平均自由程也能用于其他相互作用形式的定义）。

2.21 碰撞率（符号：ψ；单位：s^{-1}）

在给定的时间间隔内，一个气体分子（或其他粒子）相对于其他气体分子（或其他规定粒子）运动所受到的平均碰撞次数，除以该时间间隔。该平均值应是在足够多的分子数且足够长的时间间隔下得到的统计值。

2.22 体积碰撞率（符号：χ；单位：$m^{-3} \cdot s^{-1}$）

在给定的时间间隔内，围绕一点特定范围内的气体分子间

（或选定的粒子间）的平均碰撞次数，除以该时间和该空间的体积。所取的时间间隔和体积不能太小。

2.23 气体量(压力—体积单位)(符号:G;单位:Pa·m³,Pa·L)

处于平衡状态的理想气体所占体积与其压力的乘积。该值必须换算成标准环境温度20℃或指明气体的温度。这样定义的气体量等于气体的质量除以其单位质量密度所得的商。

注：气体量是气体所占体积内气体内能（势能）的2/3。

2.24 气体的扩散

由于浓度梯度引起的一种气体在另一种介质中的运动。介质可以是另一种气体（在这种情况下称为互扩散）或是一种可凝性介质。

2.25 扩散系数（符号：D；单位：m²/s）

气体通过单位面积的质量流率除以该面积法线方向的密度梯度的绝对值。

2.26 黏滞流

气体分子平均自由程远小于导管最小截面尺寸时气体通过导管的流动。流动取决于气体的黏滞性。流动可以是层流或湍流。

2.27 黏滞系数

在气流速度梯度方向单位面积上的切向力与速度梯度之比。

2.28 伯谡叶流

特指通过圆截面长导管的层流黏滞流动。

2.29 分子流

气体平均自由程远大于导管最大截面尺寸时气体通过导管的

流动。

2.30 中间流

在层流黏滞流和分子流之间的中间状态下，气体通过导管的流动。

2.31 克努曾数

气体分子的平均自由程与导管直径之比。

2.32 分子泻流

孔口的最大尺寸小于气体平均自由程时，气体通过孔口的流动。

2.33 流逸

由压力差引起的气体通过多孔固体的流动。

2.34 热流逸

在两相连容器之间，由于容器温度不同引起的气体流动，当气体迁移达到平衡时，两容器间产生压力梯度。

2.35 分子流率，分子通量（符号：q_N；单位：s^{-1}）

通过一个给定表面 S 的分子流率：在给定时间间隔内，从给定方向通过 S 的分子数目与反向穿过 S 的分子数目之差，除以该时间。

2.36 分子流率密度，分子通量密度（单位：$s^{-1} \cdot m^{-2}$）

分子流率除以表面 S 的面积。

2.37 流量（符号：q_G；单位：$Pa \cdot m^3/s$, $Pa \cdot L/s$）

在给定时间间隔内，流经截面的气体量（压力—体积单位）

除以该时间。它亦是质量流率除以单位质量密度。

2.38　质量流率（符号：q_m；单位：kg/s）

通过给定表面 S 的质量流率为：在给定时间间隔内，通过 S 的气体质量除以该时间。

2.39　体积流率（符号：q_v；单位：m^3/s）

通过给定表面 S 的体积流率为：在特定的温度和压力下，给定时间间隔内，通过 S 的气体体积除以该时间。

2.40　摩尔流率（符号：q_v；单位：kg · mol/s）

通过给定表面 S 的摩尔流率为：在给定的时间间隔内，给定气体通过 S 的摩尔数除以该时间。

2.41　麦克斯韦速度分布

是基于麦克斯韦—玻耳兹曼速度分布函数的速度分布；对于给定温度，处于平衡状态并且距器壁距离大于分子平均自由程处的气体分子的速度分布。

2.42　传输几率（符号：P_c）

随机进入管道入口的气体分子通过管道出口而没有沿相反方向返回入口的几率。

2.43　分子流导（符号：C_N，U_N；单位：m^3/s，L/s）

孔口或管道两特定截面之间的分子流导为：分子流率除以小孔两侧或管道两截面间的平均分子数密度差。

2.44　流导（符号：C，U；单位：m^3/s，L/s）

管道或导道的一部分或孔口的流导为：等温条件下，流量除以两个特定截面间或孔口两侧的平均压力差。

2.45　固有流导（符号：C_i，U_i；单位：m^3/s，L/s）

容器中气体分子按麦克斯韦速度分布的条件下，连接两个容器的管道（或孔口）的流导。在分子流态下，等于入口流导与传输几率的乘积。

2.46　流阻（符号：w；单位：s/m^3，s/L）

流导的倒数。

2.47　吸附

固体或液体（吸附剂）对气体或蒸气（吸附质）的捕集。

2.48　表面吸附

气体或蒸气（吸附质）保持在固体或液体（吸附剂）表面上的吸附。

2.49　物理吸附

由于物理力产生的，而非化学键产生的吸附。

2.50　化学吸附

形成化学键的吸附。

2.51　吸收

气体（吸收剂）扩散进入固体或液体（吸收剂）内部的吸附。

2.52　适应系数（符号：α）

入射粒子和表面间实际交换的平均能量与入射粒子和表面达到完全热平衡时应该交换的平均能量之比。

2.53　入射率（符号：ν；单位：$m^{-2} \cdot s^{-1}$）

给定时间间隔内，入射到表面上的分子数除以该时间和表面面积。

2.54　凝结率

给定时间间隔内，凝结在表面上的分子数（物质的数量或质量）除以该时间和表面面积。

2.55　黏着率

给定时间间隔内，吸附在表面上的分子数目除以该时间间隔和表面面积。

2.56　黏着几率（符号：P_s）

黏着率与入射率之比。

2.57　滞留时间（符号：τ；单位：s）

吸附于表面上的分子被表面约束的平均时间。

2.58　迁移

分子在某一表面上的运动。

2.59　解吸

被材料吸附的气体或蒸气的释放现象。释放可以自然进行，也可用物理方法加速。

2.60　去气

气体从某一材料上的人为解吸。

2.61 放气

气体从某一材料上的自然解吸。

2.62 蒸发率 （单位:$m^{-2} \cdot s^{-1}$,$kg \cdot mol/(m^2 \cdot s)$,$g/(m^2 \cdot s)$）

给定时间间隔内，从某一表面上蒸发的分子数（物质数量或物质质量）除以该时间和蒸发表面积。

2.63 解吸 （或放气或去气)**率**(符号:q_{Gu};单位:$Pa \cdot m/s$,$m^{-2} \cdot s^{-1}$)

在给定时间内，冷凝材料上解吸（或放气或去气）的气流量（或分子流率）除以材料表面积。

2.64 渗透

气体通过某一固定体阻挡层的过程。该过程包括气体在固体内的扩散也包括各种表面现象。

2.65 渗透率 （符号：P)

处于稳定流动状态下的某种气体通过某一固体阻挡层的渗透率为：通过阻挡层的气体流量除以一数值，该值是固体壁面两侧气体压力的函数。这个函数的形式取决于实际渗透所包括的物理过程。

2.66 渗透系数 （符号：P)

渗透率和阻挡层厚度的乘积，除以阻挡层的面积。

3 真空泵及有关术语

3.1 真空泵

3.1.1 真空泵

获得、改善和（或）维持真空的一种装置。可以分为两种类型：气体传输泵（3.1.2和3.1.3）和捕集泵（3.1.4）。

3.1.2 变容（真空）泵

充满气体的泵腔，其入口被周期性地隔离，然后将气体输送到出口的一种真空泵。大多数的变容真空泵，气体在排出之前是被压缩的。它可分为两类，往复式变容真空泵（3.1.2.2）和旋转式真空泵（3.1.2.3~3.1.2.5）。

3.1.2.1 变容泵的有关术语

3.1.2.1.1 气镇（真空）泵

在泵压缩腔内，放入可控的适量非可凝性气体，以降低（被抽气体）在泵中凝结程度的一种变容真空泵。这种装置可装在3.1.2.4.1~3.1.2.4.3类型的泵上。

3.1.2.1.2 油封（液封）真空泵

用泵油来密封相对运动零部件间的间隙、减少压缩腔末端残余死空间的一种旋转式变容真空泵。

3.1.2.1.3 干式真空泵

不用油封（或液封）的变容真空泵。

3.1.2.2 活塞真空泵

由泵内活塞往复运动将气体压缩并排出的一种变容真空泵。

3.1.2.3 液环真空泵

泵内装有带固定叶片的偏心转子，将液体抛向定子壁，液体形成与定子同心的液环，液环与转子叶片一起构成可变容积的一种旋转变容真空泵。

3.1.2.4 使用滑动隔离的旋转真空泵

3.1.2.4.1 旋片真空泵

泵内偏心安装的转子与定子固定面相切，两个（或两个以上）旋片在转子槽内滑动（通常为径向的）并与定子内壁相接触，将泵腔分成几个可变容积的一种旋转变容真空泵。

3.1.2.4.2 定片真空泵

泵内偏心安装的转子和定子内壁相接触转动，相对于定子运动的滑片与转子压紧并把泵腔分成可变容积的一种变容真空泵。

3.1.2.4.3 滑阀真空泵

泵内偏心安装的转子相对定子内壁转动，固定在转子上的滑阀在定子适当位置可摆动的导轨中滑动，并将定子腔分成两个可变容积的一种变容真空泵。

3.1.2.5 罗茨真空泵

泵内装有两个方向相反同步旋转的叶形转子，转子间、转子与泵壳内壁间有细小间隙而互不接触的一种变容真空泵。

3.1.2.6 余摆线泵

泵内装有一断面为余摆线型的转子（例如：椭圆），其重心沿圆周轨道运动的一种旋转变容泵。

3.1.3 动量真空泵

将动量传递给气体分子，使气体由入口不断地输送到出口的一种真空泵。可分为两类：液体输送泵和牵引真空泵。

3.1.3.1 涡轮真空泵

泵内由一高速旋转的转子去传送大量气体，可以获得无摩擦动密封的一种旋转动量泵。泵内气体既可以平行于转轴方向流动（轴流泵），也可以垂直于旋转轴方向流动（径流泵）。

3.1.3.2 喷射真空泵

利用文丘里（Venturi）效应产生压力降，被抽气体被高速气流携带到出口的一种动量泵。喷射泵在黏带流和中间流态下工作。

3.1.3.2.1 液体喷射真空泵

以液体（通常为水）为传输流体的一种喷射泵。

3.1.3.2.2 气体喷射真空泵

以非可凝性气体为传输流体的一种喷射泵。

3.1.3.2.3 蒸气喷射真空泵

以蒸气（水、汞或油蒸气）为传输流体的一种喷射泵。

3.1.3.3 扩散泵

以低压、高速蒸气射流为工作介质的一种动量泵。气体分子扩散到蒸气射流内并被携带到出口。在蒸气射流内气体分子数密度总是较低。扩散泵在分子流态下工作。

3.1.3.3.1　自净化扩散泵

工作液中的挥发性杂质不能返回锅炉而被输送到出口的一种特殊油扩散泵。

3.1.3.3.2　分馏扩散泵

将工作介质中密度高、蒸气压力低的馏分供给最低压力级，而将密度小、蒸气压力高的馏分供给高压力级的一种多级油扩散泵。

3.1.3.4　扩散喷射泵

泵内前一级或几级具有扩散泵的特性，而后一级或几组具有喷射泵特性的一种多级动量泵。

3.1.3.5　牵引分子泵

泵内气体分子和高速转子表面相碰撞而获得动量，使气体分子向泵出口运动的一种动量泵。

3.1.3.6　涡轮分子泵

泵内由开槽圆盘或叶片组成的转子，在定子上的相应圆盘间转动，转子圆周线速度与气体分子速度为同一数量级的一种牵引分子泵。涡轮分子泵通常工作在分子流态下。

3.1.3.7　离子传输泵

泵内气体分子被电离，然后在电磁场或电场作用下向出口输运的一种动量泵。

3.1.4　捕集真空泵

气体分子被吸附或冷凝而保留在泵内表面上的一种真空泵。

3.1.4.1　吸附泵

泵内气体分子主要被具有大的表面积材料（如多孔物质）物理吸附而保留在泵内的一种捕集泵。

3.1.4.2　吸气剂泵

泵内气体分子主要与吸气剂化合而保留在泵内的一种捕集泵。吸气剂通常是一种金属或合金，并以散装或淀积成新鲜薄膜的状态存在。

3.1.4.3 升华（蒸发）泵

泵内吸气剂材料被升华（蒸发）的一种捕集泵。

注：本文内升华和蒸发为相似概念。

3.1.4.4 吸气剂离子泵

泵内气体分子被电离，在电磁场或电场作用下输运到泵内表面，并被吸气剂吸附的一种捕集泵。

3.1.4.4.1 升华（蒸发）离子泵

泵内被电离的气体被输运到由连续或不连续蒸发或升华所获得的吸气剂上的一种吸气剂离子泵。

3.1.4.4.2 溅射离子泵

泵内被电离的气体输运到由阴极连续溅射所获得的吸气剂上的一种吸气剂离子泵。

3.1.4.5 低温泵

由被冷却至可以凝结残余气体的低温表面组成的一种捕集泵。冷凝物因此保持在其平衡蒸气压力等于或低于真空室要求压力的温度下。

注：泵冷面的温度选择依赖于被抽气体的性质，应低于120K。

3.2 泵的零部件

3.2.1 泵壳

将低压气体与大气隔开的泵外壁。

3.2.2 入口

被抽气体被真空泵吸入的入口。

3.2.3 出口

真空泵的出口或排气口。

3.2.4 叶片

旋转变容真空泵中用以划分定子和转子之间工作空间的滑动元件。

3.2.5 排气阀

变容真空泵中，自动排除压缩腔气体的阀门。

3.2.6 气镇阀
在气镇真空泵的压缩室安装的一种起气镇作用的充气阀。

3.2.7 膨胀腔
变容真空泵内不断增大的定子腔空间，其中的被抽气体产生膨胀。

3.2.8 压缩腔
变容真空泵内不断减少的定子腔空间，其中的气体在排出前被压缩。

3.2.9 真空泵油
油封真空泵中用来密封、润滑和冷却的液体。
注：泵油也常用来描述油蒸气流泵中的工作介质。

3.2.10 泵液
扩散泵或喷射泵所使用的工作介质。

3.2.11 喷嘴
扩散泵或喷射泵中用来使泵液定向流动、产生抽气作用的零件。

3.2.11.1 喷嘴喉部
喷嘴的最小截面处。

3.2.11.2 喷嘴间隙面积
泵壳内壁和喷嘴外缘间的最小横截面面积。

3.2.11.3 喷嘴间隙
决定喷嘴间隙面积圆环的宽度。

3.2.12 射流
扩散泵或喷射泵中，由喷嘴喷出的泵液的蒸气流。

3.2.13 扩压器
喷射泵泵壁的收缩部分。

扩压器喉部
扩压器最小横截面部分。

3.2.14 蒸气导流管
蒸气喷射泵或扩散泵中引导蒸气从锅炉流向喷嘴的导管。

3.2.15　喷嘴组件

扩散泵或喷射泵中蒸汽导流管和喷嘴的组合（通常是可拆卸的）。

3.2.16　下裙

喷嘴组件的下部分，通常为扩大部分，用以将回流的泵液与锅炉产生的蒸气分开。

3.3　附件

3.3.1　阱

用物理或化学的方法降低蒸气和气体混合物中组分分压的装置。

3.3.1.1　冷阱

通过冷却表面冷凝而工作的阱。

3.3.1.2　吸附阱

通过吸附而工作的阱。

3.3.1.3　离子阱

应用电离方法从气相中除去某些不希望成分的阱。

3.3.2　挡板（真空泵）

放在靠近蒸气喷射泵或扩散泵入口处的尽可能冷的屏蔽系统，以降低返流和返迁移。

3.3.3　油分离器

设置在真空泵出口处，用以减少以微滴形式被带走泵油损失的装置。

3.3.4　油净化器

从泵油中除去杂质的装置。

3.4　泵按工作情况的分类

3.4.1　粗（低）真空泵

从大气压开始降低容器内压力的真空泵。

3.4.2　粗抽真空泵

从大气压开始降低容器或系统内的压力，直到另一个抽气系统能够开始工作的真空泵。

3.4.3　前级真空泵

维持另一泵的前级压力低于其临界值的真空泵。前级泵可以作为粗抽泵使用。

3.4.4　维持真空泵

当气体流率低无需使用主前级泵时，维持某类真空泵前级压力的辅助前级泵。

3.4.5　高真空泵

当抽气系统由一个以上泵串联组成时，在最低压力范围内工作的真空泵。

3.4.6　增压真空泵

通常设置在前级泵和高真空泵之间，用以增加中间压力范围内抽气系统流量或改善系统压力分布，以降低前级泵所必须抽速的真空泵。

3.4.7　附属真空泵

用来维持已抽空容器低压的小型辅助真空泵。

3.5　泵的特性

3.5.1　真空泵的体积流率（符号：S；单位：m^2/s）

真空泵从抽空室所抽走气体的体积流率。本定义仅用于和真空室分开的单独泵。然而，实际上按惯例，在规定工作条件下，对给定气体，泵的体积流率为连接到泵上的标准试验罩流过的气流量与试验罩上规定位置所测得的平衡压力之比。

3.5.2　真空泵的流量（符号：Q；单位：$Pa \cdot m^3/s$）

流过泵入口的气体流量。

3.5.3　启动压力

泵能够无损启动并能获得抽气作用的压力。

3.5.4　前级压力

低于大气压力的泵出口排气压力。

3.5.5　临界前级压力

喷射泵或扩散泵正常工作允许的最大前级压力。泵的前级压力稍高于临界前级压力值时，还不至于引起其入口压力的明显增加。泵的临界前级压力主要取决于气流量。

注：某些泵的工作破坏不是突然发生的，因此临界前级压力不能准确指出。

3.5.6　最大前级压力

超过了泵能被损坏的前级压力。

3.5.7　最大工作压力

与最大气体流量对应的入口压力。在此压力下，泵能连续工作而不恶化或破坏。

3.5.8　泵的极限压力

泵正常工作且没有引进气体的情况下，标准试验罩内逐渐接近的压力值。只有非可凝性气体的极限压力与含有气体和蒸气总极限压力之间会产生差异。

3.5.9　压缩比

对于给定气体，泵的出口压力与入口压力之比。

3.5.10　何氏系数

扩散泵入口喷嘴间隙面积上的实际抽速与该处按分子泻流计算的理论抽速之比。

3.5.11　抽速系数

蒸气喷射泵或扩散泵的实际抽速与泵入口处按分子泻流计算的理论抽速之比。

3.5.12　气体的反扩散

与抽气作用相反，气体从泵出口流向入口（或附加挡板、冷阱）的过程。

3.5.13　泵液返流

泵液通过液体输送泵入口（或附加挡板、冷阱）与抽气方向相反的流动过程。

3.5.14 返流率

泵按规定条件工作时，通过泵入口单位面积的泵液质量流率。

3.5.15 返迁移

(1) 在流体输送泵中，由于泵液分子在表面上的迁移，泵液进入被抽容器的过程。

(2) 在油封真空泵中，由于油分子在表面上的迁移，泵油进入被抽容器中的过程。

3.5.16 水蒸气允许量

在气镇泵中，若被抽气体为水蒸气时，泵在正常环境下连续工作抽出水蒸气的质量流率。

3.5.17 最大允许水蒸气入口压力

在正常环境条件下，气镇泵能够连续工作并排除水蒸气的最大水蒸气入口压力。

3.5.18 蒸气喷射泵或扩散泵的加热时间

使锅炉内的泵液温度达到其正常工作温度所需要的时间。起始温度可以是环境温度也可以是泵可安全暴露大气的温度。

3.5.19 蒸气喷射泵或扩散泵的冷却时间

停止加热以后，锅炉内泵液从正常工作温度降到可安全暴露大气的温度所需的时间。

4 真空计

4.1 一般术语

4.1.1 压力计

测量高于、等于或低于环境大气压力的气体或蒸气压力的仪器。

4.1.2 真空计

测量低于大气压力的气体或蒸气压力的一种仪器。

注：通常使用的某些真空计实际上不测量压力（术语中它是以作用在表面上的力来表达的），而是测量在规定条件下与压力有关的某些其他物理量。

4.1.2.1 规头（规管）

某些种类真空计中，包含压力敏感元件并直接与真空系统连接的部件。

裸规

没有外壳的一种规头。敏感元件直接插入真空系统中。

4.1.2.2 真空计控制单元

某些种类真空计中，包含电源和工作需要全部电路的部件。

真空计指示单元

某些种类真空计中，常以压力为单位来显示输出信号的部件。

4.2 真空计的一般分类

4.2.1 压差式真空计

测量同时存在于一个敏感元件两侧压差的一种真空计。例如这个元件为弹性膜片或可动分隔液体。

4.2.2 绝对真空计

仅通过测得的物理量就能确定压力的一种真空计。

4.2.3 全压真空计

测量气体或气体混合物全压力的一种真空计。

注：压缩式真空计仅测量过程中未被凝结气体的压力。

4.2.4 分压真空计（分压分析仪）

测量来自于气体混合物中电离成分的电流的一种真空计。测得的电流代表具有不同比例常数的不同组分的分压。

4.2.5 相对真空计

通过测量与压力有关的物理量并与绝对真空计比较来确定压力的真空计。

4.3 真空计特性

4.3.1 真空计压力测量范围

在规定条件下，真空计指示读数的误差不超过最大允许误差的压力范围。

注：某些类型真空计的测量范围取决于气体的性质，在此情况下，测量范围总是对氮气而言。

4.3.2 灵敏度系数和灵敏度

对于给定压力，真空计读数变化除以对应压力的变化。

注：某些类型真空计的灵敏度系数取决于气体的性质。在此情况下，灵敏度总是对氮气而言。

4.3.3 相对灵敏度系数

真空计对给定气体的灵敏度除以在相同压力和相同工作条件下对氮气的灵敏度。

4.3.4 电离计系数（压力单位倒数）

对于一给定气体，离子流除以电子流与对应压力的乘积，并应指出工作参数。

4.3.5 等效氮压力

作用在真空计上气体的等效氮压力为：产生相同真空计读数时氮气的压力。

4.3.6 X射线极限值

热阴极电离真空计X射线的极限值为：主要由离子收集极发射的光电子产生的残余电流引起的真空计读数与无X射线影响真空计相同读数时的纯氮压力值。

4.3.7 规管光电流

阴极发射的电子打在加速极上，产生软X射线，使收集极产生光电发射，收集极上产生一个与压力无关与离子流同向的电流，该电流即称规管光电流。

4.3.8 逆X射线效应

阴极发射的电子打在加速极上产生软X射线射到规管金属

壁上，使其发射光电子，其中能量较大的打到收集极上，使收集极回路产生了一个与离子流反向的电流，即逆 X 射线效应。

4.3.9 布利尔斯效应

真空度较高的系统烘烤结束后，由于连接规管的管壁对有机蒸气的吸附，直到表面饱和为止，致使规管反应压力比真实压力低，这种现象叫布利尔斯效应。

4.4 全压真空计

4.4.1 以力学现象为基础的真空计

4.4.1.1 液位压力计

通常为 U 形管状绝对压差计。管中的敏感元件为一种可动的隔离液体（例如汞）。通过测量液位差便可得到压力差。

4.4.1.2 弹性元件真空计

变形部分为弹性元件的一种压差真空计。压差可以通过测量弹性元件位移（直接法）或测量补偿其变形需要的力（回零法）来确定。例如：膜盒真空计、布尔登压力计等。

4.4.1.3 压缩式真空计

按已知比例压缩（例如通过液柱——通常为汞柱的移动）待测压力下气体的已知体积，并产生较高压力后进行测量的一种真空计。对于满足 PV－T 关系的气体，如果用液位压力计测量该较高压力，此真空计为绝对真空计。如众所周知的麦克劳真空计。

4.4.1.4 压力天平

待测压力作用于一精确匹配的、已知横截面积的活塞—气缸组件上，作用力与一组已知质量砝码的重力相比较的一种绝对真空计。

4.4.2 以气体传输现象为基础的真空计

4.4.2.1 黏滞真空计

通过测量作用在元件表面上与压力有关的黏滞力来确定压力的一种真空计。这种真空计基于由压力决定的气体黏滞性，例如：衰减真空计、分子牵引真空计。

4.4.2.2　热传导真空计

通过测量保持不同温度的两个固定元件表面间的热量传递来确定压力的一种真空计。这种真空计基于气体热传导与压力有关。例如：皮拉尼真空计、热偶真空计、热敏真空计、双金属片真空计。

4.4.2.3　热分子真空计

通过测量气体分子打击保持不同温度固定表面的净动量传输率来确定压力的一种真空计。与气体分子平均自由程相比，固定表面间的距离必须是很小的。例如克努曾真空计、反磁悬浮热分子真空计。

4.4.3　以气体电离现象为基础的真空计

4.4.3.1　电离真空计

通过测量气体在控制条件下，电离产生的离子流来确定分子密度的一种真空计。压力与气体密度直接相关。

4.4.3.2　放射性电离计

通过放射源射线产生离子的一种电离真空计。

4.4.3.3　冷阴极电离计

通过冷阴极放电产生离子的一种电离真空计。该真空计中，通常用磁场来延长电子的行程，以增加离子产生的数目。

4.4.3.3.1　潘宁计

带有磁性并具有特殊几何形状电极的一种冷阴极电离计。一个电极由两个相连的平行圆盘组成，另一电极（通常为阳极）通常是环形的，位于圆盘之间并与之平行。而磁场与圆盘垂直。

4.4.3.3.2　冷阴极磁控管真空计

由同轴圆筒电极组成，阴极置于内侧，轴向磁场与电场垂直的一种冷阴极电离真空计。如果内侧电极是阳极，则该真空计称为"反磁控管真空计"。

4.4.3.3.3　放电管指示器

从冷阴极放电的颜色和形状给出气体性质和压力指示的一种

透明管。

4.4.3.4　热阴极电离真空计

通过加热阴极发射电子使气体电离的一种电离真空计。

4.4.3.4.1　三极管真空计

具有一般三极管结构的一种热阴极电离真空计。灯丝置于以栅极作为阳极的轴线上，板极作为离子收集极与阳极同心。

4.4.3.4.2　高压力电离真空计

与一般三极管真空计压力测量范围相比，使其测量范围向中真空移动而设计的一种热阴极电离真空计。

4.4.3.4.3　B－A 真空计

通过使用置于圆筒形栅极轴线上的细离子收集极丝来降低 X 射线极限值的一种热阴极电离真空计。其阴极布置在栅极的外面。

4.4.3.4.4　调制型真空计

一种装有调制电极的 B－A 型热阴极电离真空计。当改变调制极电位时，可以通过测量离子收集极上的电流效应来估算残余电流（包括 X 射线电流）的影响。

4.4.3.4.5　抑制型真空计

通过安装在离子收集极附近的抑制电极，使离子收集极发射的二次电子返回到它自身来降低 X 射线极限值的一种热阴极电离真空计。

4.4.3.4.6　分离型真空计

通过使用一个短而细金属丝做离子收集极来降低 X 射线极限值的一种热阴极电离真空计。该收集极置于圆筒形栅极外部轴线上的屏蔽罩内，用以收集来自电离区域的离子。

4.4.3.4.7　弯注型电离真空计

离子从电离区域拉出进入一个静电偏转极的一种热阴极电离真空计。

4.4.3.4.8　弹道型真空计

注入电子沿轨道长距离飞行，以增加每个电子所产生离子数

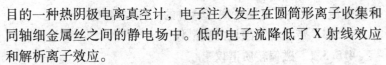

目的一种热阴极电离真空计,电子注入发生在圆筒形离子收集和同轴细金属丝之间的静电场中。低的电子流降低了 X 射线效应和解析离子效应。

4.4.3.4.9 双金属线振荡器真空计

发射的电子在与圆筒形离子收集极轴向平行的两个带有正电位的金属线间产生长的振荡距离,以增加离子产生数目的一种电离真空计。

4.4.3.4.10 热阴极磁控管真空计

类似于截止条件下工作的简单圆柱磁控管的一种热阴极电离真空计。其中,磁场用于延长电子路程,以增加离子产生的数目。

4.5 分压真空计

4.5.1 质谱仪

区分不同质荷比电离粒子并测量其离子流的一种仪表。

注:质谱仪可作为测量特定气体分压的真空计。也可以作为对特殊探索气体敏感的检漏仪或作为确定混合气体成分百分数的分析仪。质谱仪根据分离离子方法的不同来分类。

4.5.2 带有一定形状电场的质谱计

4.5.2.1 射频质谱仪

离子直线飞行,并通过一系列交替与射频振荡器连接的栅极而被加速,然后进入静电场,该静电场只允许在射频场中加速的离子到达收集极的一种质谱仪。

4.5.2.2 四极质谱仪

轴向入射的离子进入由四个电极(通常为棒)组成的四极透镜系统,透镜加有成临界比的射频和直流电场,使得只有一定质荷比离子通过的一种质谱仪。

4.5.2.3 单极质谱仪

L 形电极以及与其对称布置的单柱,提供了相似于四极透镜一个象限形状的电场,离子从 L 形电极角附近入射,且只有一定质荷比（取决于电场）离子通过的一种质谱仪。

4.5.3　带正交电磁场的质谱仪

4.5.3.1　磁偏转质谱仪

加速离子在磁场的作用下，被分离到不同圆弧路径的一种质谱仪。

4.5.3.2　双聚焦质谱仪

通过径向静电场和扇形磁场的连续作用来分离离子，致使离子在两分析器中的速度分布相反并近似相等的一种质谱仪。

4.5.3.3　余摆线聚焦质谱仪

离子被正交电磁场分离，沿不同的摆线路程依质荷比到达不同焦点上的一种质谱仪。

4.5.3.4　回旋质谱仪

由相互垂直的射频电场和稳定磁场所提供的回旋加速谐振效应，离子按照半径逐渐增大的螺旋路径被分离的一种质谱仪。

4.5.4　飞行时间

飞行时间质谱仪

气体被脉冲调制电子束电离，每组离子加速飞向漂移空间末端的离子收集极，离子达到的时间差取决于质荷比的一种质谱仪。

4.6　真空计校准

4.6.1　标准真空计

校准真空计时，用来做量值传递或量值参照的真空计。

4.6.2　校准系统

校准真空计所用的真空系统。

4.6.3　校准系数 K

在校准系统中标准计指示的压力值与被校准计指示的压力值之比。

4.6.4　压缩计法

在等温条件下，用压缩计做标准计与被校计进行比较的标准方法。

4.6.5　膨胀法

在等温条件下，将已知体积和压力的小容器中的永久气体膨胀到已知体积的低压大容器中，根据波义耳定律算出膨胀后的气体压力，膨胀法校准系统是静态校准系统。

4.6.6　流导法

流导法即小孔法、泻流法，在等温条件和分子流条件下，使气体通过已知流导的小孔，达到动态平衡时利用小孔的流导和测得的流量计算出压力的一种校准方法。

5　真空系统及有关术语

5.1　真空系统

5.1.1　真空系统

由真空容器和产生真空、测试真空、控制真空等元件组成的真空装置。

5.1.2　真空机组

由产生真空、测量真空和控制真空等组件组成。

5.1.3　有油真空机组

用油做工作液或用有机材料密封的真空机组。

5.1.4　无油真空机组

不用油做工作液和不用有机材料密封的真空机组。

5.1.5　连续处理真空设备

能将处理研究的材料或工件连续的送入到真空容器中，并且又能从真空室输出而不必中断设备连续工序的一种真空设备。

5.1.6　闸门式真空系统

在不破坏系统真空的情况下，能将工件或材料通过一个或若干个真空闸室导入或导出的一种真空系统。

5.1.7　压差真空系统

通过气体节流，使相互连接的各个室分别用单独的真空泵抽气以达到维持压差（压降或压力梯段）目的的一种真空系统。

5.1.8 进气系统

在规定的和控制的条件下，能将气体或气体混合物放入真空系统的一种装置。

5.2 真空系统特性参量

5.2.1 抽气装置的抽速

在抽气装置进气口处测得的抽速。

5.2.2 抽气装置的抽气量

流经抽气装置进气口处的气体流量。

5.2.3 真空系统的放气率

由真空系统内部所有表面解吸气体所产生的气体流量。

注：在真空系统内部经常出现一种漏气假象。这种情况叫做"虚漏"。

5.2.4 真空系统的漏气率

由于漏气渗入到真空系统中并影响真空容器中压力的气体流量。

5.2.5 真空容器的升压率

在温度保持不变时，抽气系统关闭后，在给定时间间隔内，真空容器的压力升高量除以该时间间隔之商。该商有可能不是恒定的。

5.2.6 极限压力

泵在工作时，空载干燥的真空容器逐渐接近、达到并维持稳定的最低压力。

5.2.7 残余压力

经过一定时间的抽气之后或真空过程结束之后还存在于真空容器中的气体或气体混合物（残余气体）的全压。在某些情况下残余压力等于极限压力。

注：在真空技术中，"气体"一词按广义的理解，既可适用于非冷凝性气体也可应用于蒸气。

5.2.8　残余气体谱

真空容器中残余气体的质谱。

5.2.9　本底压力（真空系统）

在真空容器中可以开始实施工艺时的压力。

5.2.10　工作压力（真空系统）

在真空容器中为满足实施应用工艺要求所必需的压力。

5.2.11　粗抽时间

前级真空泵或前级真空抽气机组从大气压抽至本底压力或抽至在较低压力下工作的真空泵的启动压力所需要的时间。

5.2.12　抽气时间

将真空系统的压力从大气压降低到一定压力，例如降到本底压力所需要的时间。

5.2.13　真空系统时间常数

将真空容器中的压力降低到初始压力的 $1/e$ 所需要的时间。在抽速恒定时，该时间常数为容器体积除以抽气系统的抽速之商。

5.2.14　真空系统进气时间

经过规定的装置放入的空气使真空系统（或真空容器）内的压力由工作压力升高到较高的压力（一般到大气压）所需要的时间。如果放入的是空气，那么该时间称作"通大气时间"。

5.3　真空容器

5.3.1　真空容器（真空室）

根据力学计算能允许容器的压力低于环境压力的真空密封容器。

5.3.2　封离真空装置

容器被抽真空之后将其封离或者以别的方法用永久性的封接将其封离的一种真空容器。例如电子管，X 射线管。

5.3.3　真空钟罩

借助于一个可拆卸的连接部件，将其放置到另一个组件

（一般来说是一块底板）上并同这个组件共同组成一个真空室的钟罩形组件。

5.3.4　真空容器底板

真空容器底板通常位于真空设备抽气系统进气口上并包含有实施过程所必要的真空室引入线。

5.3.5　真空岐管

可以和两个或若干个真空容器相连，可以同时进行抽气的一种真空密封分配件。

5.3.6　前级真空容器（储气罐）

设计在前级真空泵和其前级真空阀之间的容器。在前级真空泵断开时，用来容纳被抽气体和（或）平衡系统压力的变化。

5.3.7　真空保护层

将一个真空容器全部或部分包围的一种真空密封容器。它用来减少漏气率和（或）降低作用于器壁的压力。真空保护层中所存在的真空称作"保护真空"。

5.3.8　真空闸室

连接在两个不同压力空间之间的真空室。它具有能与这个或那个相接的空间相适应压力的连接装置和能将物件从这个空间输送到那个空间而在这些空间中压力不发生干扰性变化的开孔（全部或部分可以关闭）。一般来说这些装置和开孔用于将物件从大气送入到真空容器中或从真空容器中取出到大气中。

5.3.9　真空冷凝器（蒸汽冷凝器）

内部带有冷却面，设置于真空室和抽气系统之间用于冷凝大量水蒸气的一种真空容器。通常它有一个可闭锁的冷凝液收集罐，能在不中断真空过程情况下排出液体冷凝物。

5.4　真空封接和真空引入线

5.4.1　永久性真空封接

不能以简单的方式加以制造或拆卸的一种真空连接。例如：

钎焊的真空连接、焊接的真空连接、玻璃—玻璃封接、玻璃—金属封接。

5.4.2　玻璃分级过渡封接

由具有不同热膨胀系数的各种玻璃组成的一种永久性真空封接。因此避免了在各连接元件内不希望有的大应力（即麦秸式封接）。

5.4.3　压缩玻璃金属封接

将玻璃同金属或合金熔接在一起，并使玻璃始终处于压缩应变之下的一种永久性真空连接。

5.4.4　匹配式玻璃金属封接

通过将玻璃熔接到金属或合金上所制得的密封，使金属或合金在很大的温度范围内其热膨胀系数几乎与玻璃相同的一种永久性真空连接。

5.4.5　陶瓷金属封接

将陶瓷零件的金属化表面与一个金属零件钎焊在一起的一种永久性真空连接。

5.4.6　半永久性真空封接

用蜡、胶、漆或类似物质接合的一种真空连接。

5.4.7　可拆卸的真空封接

用简单的方式，一般说来用机械的方法可以拆卸又可以重新组装起来的一种真空连接。

5.4.8　液体真空封接

借助于低蒸气压液体进行密封的一种可拆卸式真空连接。

5.4.9　熔融金属真空封接

用低熔点金属进行密封的一种可拆卸式真空连接。加热金属使密封进行拆卸或组合。

5.4.10　研磨面搭接封接

由两个经研磨的表面构成的一种可拆卸式真空连接。研磨面可以是平面形状、球形或锥状，通常它们都涂以油脂。

5.4.11　真空法兰连接

在两个法兰之间用一个适宜的可变形的密封件造成一个真空密封连接的一种可拆卸式真空连接。

5.4.12　真空密封垫

放置于两个零件之间的一个可拆卸的真空连接件，用其进行密封的一种可变形的构件。在某些场合借助于支承架（例如垫圈密封），材料的选择要视所要求的真空范围而定，通常用弹性体或金属。

5.4.13　真空密封圈

一种环形真空密封件。

注：有各种不同截面形状的真空密封圈。例如：O 形密封圈，V 形密封圈，L 形密封圈和其他型材的密封件（金属型材密封件）。

5.4.14　真空平密封垫

用扁平材料制得的一种真空密封件。

5.4.15　真空引入线

通过真空容器器壁使运动气体或液体、电流或电压传递或引入的一种装置。这种装置通常支承在真空容器对大气密封的法兰上。在真空中能用来做多种运动，一般说来气作平动和旋转运动的传递运动的真空引入线称作"多关节操作机"。

5.4.16　真空轴密封

用来密封轴的一种真空密封件，它能将旋转和（或）移动运动相对无泄漏地传递到真空容器器壁内，以实现真空容器内机构的运动，满足所进行的工艺过程的需要。

5.4.17　真空窗

装在真空容器器壁上能使电磁辐射或微粒辐射穿透的一种装置（例如列纳尔特窗）。

5.4.18　观察窗

作为观察真空容器内部情况的一种真空窗。

注：在某些应用场合必须对观察窗的光学性能提出一定的要求。

5.5 真空阀门

5.5.1 真空阀门的特性
主要是指真空阀门外壳对大气的真空密封性，真空阀门的流导和真空阀门的阀座漏气率。

5.5.1.1 真空阀门的流导
在阀门打开状态下的气体流动的流导。

注：在样本中，真空阀门的流导常常以"当量管长度"列出，这里设管的名义口径与阀的名义口径相同。

5.5.1.2 真空阀门的阀座漏气率
在关闭状态下由阀座漏入的气体流率。它取决于气体种类、压力、温度和阀门出、进气口的压差。

5.5.2 真空调节阀
能调节由真空阀隔开的真空系统部件之间的流率的一种真空阀。

5.5.3 微调阀
用来微量调节进入真空系统中的气体量的真空阀。

5.5.4 充气阀
用来控制调节气体充入真空系统中的真空阀。

5.5.5 进气阀
将气体放入到真空系统中的一种真空控制阀。

5.5.6 真空截止阀
用来使真空系统的两个部分相隔离的一种真空阀。

5.5.7 前级真空阀
在前级真空管路中用来使前级真空泵和与其相连的真空泵隔离的一种真空截止阀。

5.5.8 旁通阀
在旁通管路中的一种真空截止阀。

5.5.9 主真空阀
用来使真空容器同主真空泵隔离的一种真空截止阀。

5.5.10　低真空阀

在低真空管路中，用来使真空容器同其粗抽真空泵隔离的一种真空截止阀。

5.5.11　高真空阀

符合高真空技术要求的，主要在该真空区域内使用的一种真空阀。

5.5.12　超高真空阀（UHV 阀）

符合超高真空技术要求的主要在该真空区域内使用的一种真空阀。超高真空阀的阀座和密封垫通常由金属制成，可以进行烘烤。

5.5.13　手动阀

用手开闭的阀。

5.5.14　气动阀

用压缩气体为动力开闭的阀。

5.5.15　电磁阀

用电磁力为动力开闭的阀。

5.5.16　电动阀

用电机开闭的阀。

5.5.17　挡板阀

阀板沿阀座轴向移动开闭的阀。

5.5.18　翻板阀

阀板翻转一个角度开闭的阀。

5.5.19　插板阀

阀板沿阀座径向移动开闭的阀。

5.5.20　蝶阀

阀板绕固定轴在阀口中转动开闭的阀。

5.6　真空管路

5.6.1　粗抽管路

连接被抽容器与粗抽真空泵的一种真空管路系统。

5.6.2　前级真空管路

连接前级真空泵的一种真空管路系统。

5.6.3　旁通管路（By–Pass 管路）

与真空系统管路并联装配的一种真空管路系统。它可同时和系统管路一起工作或者可以单独工作。

5.6.4　抽气封口接头

用于容器的抽气，在抽气结束后通常进行真空密封连接，一般来说不能拆卸的一种连接管。

5.6.5　真空限流件

在真空管路上，用来限制气体流经管路的一个特殊件，通常它是指隔板或毛细管。

5.6.6　过滤器

真空管路中清除固体微粒并防止其落入真空泵中的装置。

6　检漏及有关术语

6.1　漏孔

6.1.1　漏孔

在真空技术中，在压力或浓度差作用下，使气体从壁的一侧通到另一侧的孔洞、孔隙、渗透元件或一个封闭器壁上的其他结构。

6.1.2　通道漏孔

可以把它理想地当作长毛细管的由一个或多个不连续通道组成的一个漏孔。

6.1.3　薄膜漏孔

气体通过渗透穿过薄膜的一种漏孔。

6.1.4　分子漏孔

漏孔的质量流率正比于流动气体分子质量平方根的倒数的一种漏孔。

6.1.5　黏滞漏孔

漏孔的质量流率正比于流动气体黏度的倒数的一种漏孔。

6.1.6　校准漏孔

在规定条件下，对于一种规定气体提供已知质量流率的一种漏孔。

6.1.7　标准漏孔

在规定条件下（入口压力为 100kPa ± 5%，出口压力低于 1kPa，温度为 23℃ ±7℃），漏率是已知的一种校准用的漏孔。

6.1.8　虚漏

在系统内，由于气体或蒸气的放出所引起的压力增加。

6.1.9　漏率

在规定条件下，一种特定气体通过漏孔的流量。

6.1.10　标准空气漏率

在规定的标准状态下，露点低于 -25℃ 的空气通过一个漏孔的流量。

6.1.11　等值标准空气漏率

对于低于 $(10^7 \sim 10^8)$ Pa·m^3/s 标准空气漏率的分子漏孔，氦（相对分子质量4）流过这样的漏孔比空气（相对分子质量29.0）更快，即氦流率对应于较小的空气漏率，在规定条件下，等值标准空气漏率为 $\sqrt{4/29} = 0.37$ 氦漏率。

6.1.12　探索（示漏）气体

用来对真空系统进行检漏的气体。

6.2　本底

6.2.1　本底

一般地在没注入探索气体时，检漏仪给出的总的指示。

6.2.2　探索气体本底

由于从检漏仪壁或检漏系统放出探索气体所造成的本底。

6.2.3　漂移

本底比较缓慢的变化。重要参量是规定周期内测得的最大漂移。

6.2.4　噪声

本底比较迅速的变化。重要参量是规定周期内部测得的噪声。

6.3　检漏仪

6.3.1　检漏仪

用来检测真空系统或元件漏孔的位置或漏率的仪器。

6.3.2　高频火花检漏仪

在玻璃系统上，用高频放电线圈所产生的电火花，能集中于漏孔处的现象来测定漏孔位置的检漏仪（通常用它对玻璃系统进行检漏）。

6.3.3　卤素检漏仪

利用卤族元素探索气体存在时，使赤热铂电极发射正离子大大增加的原理来制作的检漏仪。

6.3.4　氦质谱检漏仪

利用磁偏转原理制成的对于漏气体氦反应灵敏，专门用来检漏的质谱仪。

6.3.5　检漏仪的最小可检漏率

当存在本底噪声时，将仪器调整到最佳情况下，纯探索气体通过漏孔时，检漏仪所能检出的最小漏率。

6.4　检漏

6.4.1　气泡检漏

将空气压入被检容器，然后将其浸入水中或者对其可疑表面涂上肥皂液，观察气泡确定漏孔位置。

6.4.2　氨检漏

将氨压入检漏容器，然后通过观察覆在可疑表面上试纸或试布颜色的改变来确定漏孔位置。

6.4.3　升压检漏

被抽空容器与真空泵隔离后，测定随时间的增加而升高的压力值，来确定漏气率。

6.4.4　放射性同位素检漏

在被检容器或零件内，装入适当半衰期的放射性同位素，利用测定从漏孔穿出的放射性同位素的放射能来确定漏孔位置。

6.4.5　荧光检漏

将被检零件浸入荧光粉的有机溶液（三氯乙烯或四氯化碳）中，漏孔处将留有荧光粉，用紫外线照射荧光粉发光来确定漏孔位置。

7　真空镀膜技术

7.1　一般术语

7.1.1　真空镀膜
在处于真空下的基片上制取膜层的一种方法。

7.1.2　基片
膜层承受体。

7.1.3　试验基片
在镀膜开始、镀膜过程中或镀膜结束后用作测量和（或）试验的基片。

7.1.4　镀膜材料
用来制取膜层的原材料。

7.1.5　蒸发材料
在真空蒸发中用来蒸发的镀膜材料。

7.1.6　溅射材料
在真空溅射中用来溅射的镀膜材料。

7.1.7　膜层材料（膜层材质）
组成膜层的材料。

7.1.8　镀膜材料蒸发速率
在给定的时间间隔内，蒸发出来的材料量除以该时间间隔。

7.1.9　溅射速率
在给定的时间间隔内，溅射出来的材料量除以该时间间隔。

7.1.10　沉积速率
在结定的时间间隔内，沉积在基片上的材料量除以该时间间隔和基片表面积。

7.1.11　镀膜角度

入射到基片上的粒子方向与被镀表面法线之间的夹角。

7.2　工艺

7.2.1　真空蒸镀

使镀膜材料蒸发器蒸镀到基片上的真空镀膜过程。

7.2.1.1　同时蒸发

用数个蒸发器把各种蒸发材料同时蒸镀到基片上的真空蒸发镀膜。

7.2.1.2　蒸发场蒸发

由蒸发场同时蒸发的材料到基片上进行蒸镀的真空蒸发（此工艺应用于大面积蒸发以得到理想的膜厚分布）。

7.2.1.3　反应性真空蒸发

通过与气体反应获得理想化学成分的膜层材料的真空蒸发。

7.2.1.4　蒸发器中的反应性真空蒸发

与蒸发器中各种蒸发材料反应，从而获得理想化学成分膜层材料的真空蒸发。

7.2.1.5　直接加热的蒸发

蒸发材料蒸发所必需的热量是对蒸发材料（在坩埚中或不用坩埚）本身加热的蒸发。

7.2.1.6　感应加热蒸发

蒸发材料通过感应涡流加热的蒸发。

7.2.1.7　电子束蒸发

通过电子轰击使蒸发材料加热的蒸发。

7.2.1.8　激光束蒸发

通过激光束加热蒸发材料的蒸发。

7.2.1.9　间接加热的蒸发

在加热装置（例如小舟形蒸发器、坩埚、灯丝、加热板、加热棒、螺旋线圈等）中使蒸发材料获得蒸发所必需的热量并通过热传导或热辐射方式传递给蒸发材料的蒸发。

7.2.1.10 闪蒸

将极少量的蒸发材料间断地做瞬时的蒸发。

7.2.2 真空溅射

在真空环境中，惰性气体离子从靶表面上轰击出原子（分子）或原子团在基片上成膜的过程。

7.2.2.1 反应性真空溅射

通过与气体的反应获得理想化学成分的膜层材料的真空溅射。

7.2.2.2 偏压溅射

在溅射过程中，将负偏压施加于基片以及膜层的溅射。

7.2.2.3 直流二极溅射

通过两个电极间的直流电压，使气体自持放电并把靶作为阴极的溅射。

7.2.2.4 非对称性交流溅射

通过两个电极间的非对称性交流电压，使气体自持放电并把靶作为吸收较大正离子流的电极。

7.2.2.5 高频二极溅射

通过两个电极间的高频电压获得高频放电而使靶极获得负电位的溅射。

7.2.2.6 热阴极直流溅射（三极型溅射）

借助于热阴极和阳极获得非自持气体放电，气体放电所产生的离子，由在阳极和阴极（靶）之间所施加的电压加速而轰击靶的溅射。

7.2.2.7 热阴极高频溅射（三极型溅射）

借助于热阴极和阳极获得非自持气体放电，气体放电产生的离子，在靶表面负电位的作用下加速而轰击靶的溅射。

7.2.2.8 离子束溅射

利用特定的离子源获得的离子束使靶产生的溅射。

7.2.2.9 辉光放电清洗

利用辉光放电原理，使基片以及膜层表面经受气体放电轰击的清洗过程。

7.2.3　物理气相沉积（PVD）

在真空状态下，镀膜材料经蒸发或溅射等物理方法气化沉积到基片上的一种制取膜层的方法。

7.2.4　化学气相沉积（CVD）

一定化学配比的反应气体，在特定激活条件下（通常是一定高的温度），通过气相化学反应生成新的膜层材料沉积到基片上制取膜层的一种方法。

7.2.5　磁控溅射

借助于靶表面上形成的正交电磁场，把二次电子束缚在靶表面或靶表面与基片之间的特定区域，来增强电离效率，增加离子密度和能量，因而可取得很高的溅射速率或提高靶材溅射均匀性或提高成膜质量。

7.2.6　等离子体化学气相沉积（PCVD）

通过放电产生的等离子体促进气相化学反应，在低温下，在基片上制取膜层的一种方法。

7.2.7　空心阴极离子镀（HCD）

利用空心阴极发射的电子束使坩埚内镀膜材料蒸发并电离，在基片上的负偏压作用下，离子具有较大能量，沉积在基片表面上的一种镀膜方法。

7.2.8　电弧离子镀

以镀膜材料作为靶极，借助于触发装置，使靶表面产生弧光放电，镀膜材料在电弧作用下，产生无熔池蒸发并沉积在基片上的一种镀膜方法。

7.3　专用部件

7.3.1　镀膜室

真空镀膜设备中实施实际镀膜过程的部件。

7.3.2　蒸发器装置

真空镀膜设备中包括蒸发器和全部为其工作所需要的装置（例如电能供给、供料和冷却装置等）在内的部件。

7.3.3 蒸发器

蒸发直接在其内进行的装置，例如小舟形蒸发器、坩埚、灯丝、加热板、加热棒、螺旋线圈等，必要时还包括蒸发材料本身。

7.3.4 直接加热式蒸发器

蒸发材料本身被加热的蒸发器。

7.3.5 间接加热式蒸发器

蒸发材料通过热传导或热辐射被加热的蒸发器。

7.3.6 蒸发场

由数个排列的蒸发器加热相同蒸发材料形成的场。

7.3.7 溅射装置

包括靶和溅射所必要的辅助装置（例如供电装置、气体导入装置等）在内的真空溅射设备的部件。

7.3.8 靶

用粒子轰击的面。本标准中靶的意义就是溅射装置中由溅射材料所组成的电极。

7.3.9 挡板（真空镀膜技术）

用来在时间上和（或）空间上限制镀膜并借此能达到一定膜厚分布的装置。挡板可以是固定的也可以是活动的。

7.3.10 时控挡板

在时间上能用来限制镀膜，因此从镀膜的开始、中断到结束都能按规定时刻进行的装置。

7.3.11 掩膜

用来遮盖部分基片，在空间上能限制镀膜的装置。

7.3.12 基片支架

可直接夹持基片的装置，例如夹持装置，框架和类似的夹持器具。

7.3.13 夹紧装置

在镀膜设备中用或不用基片支架支承一个基片或几个基片的装置，例如夹盘、夹鼓、球形夹罩、夹篮等。夹紧装置可以是固定的或活动的（旋转架，行星齿轮系等）。

7.3.14　换向装置

在真空镀膜设备中，不打开设备能将基片、试验玻璃或掩膜放到理想位置上的装置（基片换向器、试验玻璃换向器、掩膜换向器）。

7.3.15　基片加热装置

在真空镀膜设备中，通过加热能使一个基片或几个基片达到理想温度的装置。

7.3.16　基片冷却装置

在真空镀膜设备中，通过冷却能使一个基片或几个基片达到理想温度的装置。

7.4　真空镀膜设备

7.4.1　真空镀膜设备

在真空状态下制取膜层的设备。

7.4.1.1　真空蒸发镀膜设备

借助于蒸发进行真空镀膜的设备。

7.4.1.2　真空溅射镀膜设备

借助于真空溅射进行真空镀膜的设备。

7.4.2　连续镀膜设备

被镀膜物件（单件或带材）连续地从大气压经过压力梯段进入到一个或数个镀膜室，再经过相应的压力梯段，继续离开设备的连续式镀膜设备。

7.4.3　半连续镀膜设备

被镀物件通过闸门送进镀膜室并从镀膜室取出的真空镀膜设备。

8　真空干燥和冷冻干燥

8.1　一般术语

8.1.1　真空干燥

真空干燥是在低压条件下，使湿物料中所含水分的沸点降低，从而实现在较低温度下，脱除物料中水分的过程。

8.1.2　冷冻干燥

冷冻干燥是将湿物料先行冷冻到该物料的共晶点温度以下，然后在低于物料共晶点温度下进行升华真空干燥（亦称第一阶段干燥），待湿物料中所含水分除去90%之后转入解吸干燥（亦称第二阶段干燥），直到物料中所含水分满足要求的真空过程。

8.1.3　物料

需要干燥的物质称为物料，物料可以是固体、液体、溶液或浆料。

8.1.4　待干燥物料

干燥前为干燥过程准备的物料。

8.1.5　干燥产品

真空干燥或冷冻干燥之后的成品物料。

8.1.6　水分

物料中所含水的量。物料中的水分常用含湿量或湿度表示。

8.1.7　自由水分

用升华热和蒸发热足以去除的水分。

8.1.8　结合水分

除了升华热和蒸发热之外，还要消耗能量才能去除的水分（结合水、结晶水、结构水）。

8.1.9　湿分

湿物料中所含有的总的水分。

8.1.10　含湿量

湿物料中所含湿分质量与绝干物料之比，称为干基含湿量；湿物料中所含湿分质量与湿物料的质量之比，称为湿基含湿量。

8.1.11　初始含湿量

待干燥物料的含湿量。

8.1.12　最终含湿量

干燥结束后，从干燥器出来时被干燥物料的含湿量。

8.1.13　湿度

物料中湿分质量与绝干物料质量的百分比。

8.1.14 干燥物质

物料质量与其所含湿分之差，也称绝干物料。

8.1.15 干物质含量

干物质的质量除以物料质量。

8.2 干燥工艺

8.2.1 干燥阶段

被干燥物料在干燥器中进行干燥的时间，通常可包括预干燥、一次干燥和二次干燥等阶段。

8.2.1.1 预干燥

待干物料在进入真空干燥器之前进行的脱水过程，包括过滤、蒸发、机械甩干等过程。

8.2.1.2 一次干燥

一次干燥是指在真空干燥器中去除湿物料中自由水分的过程。在此干燥过程中的干燥速度几乎是不变的，因此也称为稳速干燥。

8.2.1.3 二次干燥

在一次干燥结束后，去除湿物料中结合水分或吸附水分直到最终含湿量的干燥过程。在此干燥过程中干燥速度随物料含湿量的变小而降低。因此又称降速干燥。

8.2.2 干燥方式

8.2.2.1 接触干燥

湿物料主要通过与加热表面接触供给热量的干燥。

8.2.2.2 辐射干燥

湿物料主要通过辐射供给热量的干燥（例如红外干燥）。

8.2.2.3 微波干燥

湿物料主要在交变电场中被直接加热的干燥。

8.2.2.4 气相干燥

将待干燥物料送入真空干燥机，抽空之后通入合适的蒸气

（例如有机物蒸气、煤油），使之冷凝于物料上并通过其释放的冷凝热使物料加热的干燥。

8.2.2.5 静态干燥

湿物料放在格层中、轨道或皮带等上面，其接触面不改变的干燥。

8.2.2.6 动态干燥

湿物料不断运动或周期性运动的干燥。在干燥过程中使用机械装置（例如叶片式干燥机）或活动式接触面（例如振动式干燥机；筒式干燥机）对物料进行搅拌，这样使整个干燥时间缩短。

8.2.3 干燥时间

将物料由一定的初始含湿量干燥到规定的最终含湿量所需要的时间。

8.2.4 停留时间

停留时间就是物料在真空干燥机或冷冻干燥机中放置的时间。

8.2.5 循环时间

物料在连续式工作的真空干燥机或冷冻干燥机中的停留时间。

8.2.6 干燥率

在规定的干燥时间内，含湿量与初始含湿量的百分比。

8.2.7 去湿速率

在某一时间间隔内，由物料中所去除的湿气量除以该时间。

8.2.8 单位面积去湿速率

去湿速率除以干燥器与待干燥物料接触的面积。

8.2.9 干燥速度

单位时间内，从湿物料中去除的水分质量。

8.2.10 干燥过程

湿物料从进入真空干燥器的初始含湿量，到离开真空干燥器的最终含湿量，所经历的历程。

8.2.11 加热温度

供热器（例如热辐射器、装载面）的表面温度。

8.2.12　干燥温度

在干燥过程中，物料在规定位置上测得的物料温度。应给出测量方法和测量位置。

注：应注意干燥物料的上限温度。

8.2.13　干燥损失

湿物料在干燥或冷冻过程中受损失的部分（例如由飞尘、磨损、沉积引起）。

8.2.14　飞尘

在干燥或冷冻干燥过程中，从物料脱落和去除的小颗粒物料。

8.2.15　堆层厚度

物料在干燥过程中的厚度或颗粒物料在冷冻干燥中堆料的高度。

8.3　冷冻干燥

8.3.1　冷冻

将湿物料降温使其中所含水分冻结的过程。

8.3.1.1　静态冷冻

待冷冻的物料在冷冻过程中不运动的冷冻。

8.3.1.2　动态冷冻

待冷冻的物料在冷冻过程中处于运动状态的冷冻。

8.3.1.3　离心冷冻

湿物料在旋转的容器内靠离心力使物料到达容器壁并冷冻的一种冻结方式（例如滚动冷冻、旋转冷冻）。

8.3.1.4　滚动冷冻

湿物料缓慢地绕容器的水平轴或倾斜轴转，由容器壁向物料传递冷量的一种冻结方式。

8.3.1.5　旋转冷冻

湿物料快速地绕容器轴旋转，由容器壁开始冷冻的一种冷冻方式。

8.3.1.6 真空旋转冷冻

湿物料快速地绕容器轴旋转，在真空中通过溶剂蒸发进行冷冻的一种冷冻方式。

8.3.1.7 喷雾冷冻

采用雾化器将湿物料分散成雾滴然后在低温下冻结的一种方式。

8.3.1.8 气流冷冻

自下而上穿过湿物料层通入冷却气体（例如空气）形成强制对流，使颗粒状物料保持悬浮状态进行冷冻的一种方式。

8.3.2 冷冻速率

单位时间内冷冻的湿物料质量。

8.3.3 冷冻物料

经受冷冻的湿物料。

8.3.4 冰核

湿物料被冻结时，其中水分最先凝固的分子团。

8.3.5 干燥物料外壳

在冷冻干燥过程中，包围冰核甚至还包含结合水分的已干燥的物料层。

8.3.6 升华界面

在冷冻干燥过程中，已干物料层与冻结物料层的分界表面。

8.3.7 融化位置

在冷冻干燥过程中，冷冻物料没能实现升华干燥而被融化的位置。

8.4 真空干燥设备和真空冷冻干燥设备

8.4.1 真空干燥设备和真空冷冻干燥设备

用来进行真空干燥和真空冷冻干燥的一种真空设备。

8.4.2 真空干燥器或冷冻干燥器

湿物料在其中可实现真空干燥的容器。

8.4.3 加热表面

能用来将热量传导给待干燥物料的热源表面。

8.4.4　搁板

在真空干燥器或冷冻干燥器中，用来接受物料或装载物料的装置。如果是接触式干燥，它同加热表面可以完全相同。

8.4.5　干燥器的处理能力

单位时间干燥器能干燥湿物料的质量。

8.4.6　单位面积干燥器的处理能力

在单位时间内，干燥器内单位面积搁板上，所能干燥湿物料的质量。

8.4.7　冰冷凝器

水蒸气主要是以固体聚合态形式冷凝在冷却表面上的容器。

8.4.8　冰冷凝器的负载

在规定时间内，主要以固体聚合态形式冷凝在冰冷凝器冷凝表面的蒸汽质量。

8.4.9　冰冷凝器的额定负载

冰冷凝器能经济地运转的最高负载。

9　表面分析技术

9.1　一般术语

9.1.1　试样

对其表面按工艺进行全部或部分研究的固体或液体。

注：如果内边界层也要进行研究，要么需由适宜的制作方法制成显露的表面。

9.1.1.1　表面层

试样相对于气体、液体或固体的边界层。它包括可能存在的被吸附物或试样蒸气层原子的总体，其与介质交界的间距不应超过在特定情况下给出的值，在数量级上小于原子间距。表面层的厚度始终受观察的交界影响，它和处理方法有关，在某些情况下应给出表面层的厚度。

9.1.1.2　真实表面

冷凝物质与相邻介质之间的微观界面。

9.1.1.3　有效表面积

进行研究时所规定的真实表面积。

9.1.1.4　宏观表面（几何表面）

真实表面的包封面，一般来说它是一个表面。

9.1.1.5　表面粒子密度

一定种类的表面粒子数与有效表面面积之商。

9.1.1.6　单分子层

以一个原子或分子的厚度"完全地"覆盖真实表面的一定种类的粒子总体。

9.1.1.7　表面单分子层粒子密度

一定种类粒子的单分子层的表面粒子密度（表面单分子层粒子密度也经常称作单分子层的覆盖）。

9.1.1.8　覆盖系数

相同种类的粒子表面的粒子密度除以单分子层的表面分子密度。

9.1.2　激发

引起光子和粒子（例如原子、分子、离子、电子）发射（包括反射）的物理相互作用。

9.1.2.1　一次粒子

用作激发的光子或粒子（例如原子、分子、离子、电子）。

注："粒子"在特殊的场合可用"离子"、"电子"等代替。

9.1.2.2　一次粒子通量

在给定时间间隔内出现在表面上的一次粒子数与该时间间隔之商。

9.1.2.3　一次粒子通量密度

气体空间中通过给定面积一次粒子的通量与该面积之商。

9.1.2.4　一次粒子负荷

一次粒子通量与激发面之商。必须给出一次粒子的能量。

9.1.2.5　一次粒子积分负荷

一次粒子负荷在持续轰击时间上的积分。必须给出一次粒子的能量。

9.1.2.6　一次粒子入射能量

一次粒子进入到表面层作用区域之前的动能。

9.1.2.7　激发体积

发生激发的试样的体积。

9.1.2.8　激发面积

同时限制激发体积的宏观试样表面。

9.1.2.9　激发深度

垂直于激发面积的激发体积的伸展深度。

9.1.2.10　二次粒子

由于激发引起表面发射或反射的光子或粒子（例如原子、分子、离子或电子）。

9.1.2.11　二次粒子通量

在给定时间间隔内，观察到的发射的二次粒子数与该时间间隔之商。

9.1.2.12　二次粒子发射能

二次粒子从表面层作用范围发射之后的动能。

9.1.2.13　发射体积

产生发射的这部分激发体积。

9.1.2.14　发射面积

同时限制发射体积的宏观试样表面。

9.1.2.15　发射深度

垂直于发射面积的发射体积的伸展深度。

9.1.2.16　信息深度

用作分析粒子的发射深度。信息深度至多只能与发射深度一样深。

9.1.2.17　平均信息深度

产生（$1-1/e^2$）的 86% 粒子的信息深度。

9.1.3　入射角

入射粒子平均方向在其入射位置与宏观表面的法线之间的夹角。

9.1.4　发射角

被观察的二次粒子发射方向在其发射位置上与宏观表面的法线之间的夹角。

9.1.5　观测角

表面法线与方向的分析器轴与一次粒子平均方向的夹角。它表示偏振角和方位角。

9.1.6　分析表面积

用来作分析的发射面积。

9.1.7　产额

与激发的方法有关的二次粒子数与一次粒子数之商。在说明产额时，必须列举出关联的参数（例如：二次粒子的能量和入射角，材料和表面状态）。

9.1.8　表面层微小损伤分析

为达到研究的目标仅使表面层稍微发生变化的分析。

9.1.9　表面层无损伤分析

表面层显示不出变化的分析。

9.1.10　断面深度分析

对垂直于试样表面浓度分布的测定分析。有磨去表面层并产生新表层和（或）对被磨去材料进行分析的断面深度分析法及不磨去表面层进行分析的方法（例如反射离散测量）。

9.1.11　可观测面积

由指示仪显示的试样宏观表面发射部分。

9.1.12　可观测立体角

由试样一个点上发射的粒子可由分析器显示的立体角。

9.1.13　接受立体角（观测立体角）

由分析器所显示的二次发射立体角。

9.1.14　角分辨能力

接受立体角与 2π 之商。

9.1.15　发光度

可观测面积与可观测立体角之积与固有发射之商。

9.1.16　二次粒子探测比

所记录下来的一定种类的二次粒子数与所发射的同一类型二次粒子数之商。

9.1.17　表面层分析仪的探测极限

在激发体积中化学元素的最小可指示浓度。在说明指示极限时应该给出激发条件和所研究物质的种类。

9.1.18　表面层分析仪灵敏度

所测得的一定种类的二次粒子数与一次粒子数之商。该灵敏度与二次粒子激发系数与探测比之积。在说明灵敏度时应给出参数（例如被研究物质的种类和状态，一次粒子的能量）。

9.1.19　表面层分析仪质量分辨能力

$M/\Delta M$ 之商。在给出能量分辨能力时，应说明 M 是在何种物质上测得的，ΔM 是如何确定的。对用作检验的已给出分辨能力的标准试样，往往需要给予命名。

9.1.20　表面层分析仪能量分辨能力

$E/\Delta E$ 之商。在给出能量分辨能力时，应说明 E 是在何种物质上测得的，ΔE 是如何确定的。对用作检验的已给出分辨能力的标准试样，往往需要加以命名。能量分辨能力是通过测量行幅而确定的。

9.1.21　本底压力（表面分析技术）

测量试样时，在试样位置上的压力。

9.1.22　工作压力（表面分析技术）

测量试样时，在试样位置上的压力。

9.2　分析方法

9.2.1　二次离子质谱术（SIMS）

用离子（一次离子）轰击表面，使其表面层发射出正离子和（或）负粒子（二次离子）来进行质谱分析的一种表面分析法。

9.2.1.1 静态二次离子质谱数（静态 SIMS）

静态 SIMS 满足微小破坏分析条件的一种二次离子质谱测定。

9.2.1.2 动态二次离子质谱术（动态 SIMS）

能识别表面出现变化的一种二次离子质谱测定，同时应给出激发参数。

9.2.2 二次离子质谱仪（SIMS 仪）

真空仪器的一部分，它至少包括一个一次离子源，一个离子分析器（例如磁场或高频四极磁场）和一个离子检测器。

9.2.3 离子散射表面分析（ISS）

一种散射的一次离子能达到层的成分的表面层的化学分析法。

9.2.4 低能离子散射的表面分析

一次离子的能量约小于 5keV 的表面散射化学分析法。

9.2.5 卢瑟福后向散射的表面分析（RBS）和卢瑟福离子后向散射的表面分析（RIBS）

离子散射的一种表面分析。在这种分析中一次离子的能量约大于 100keV。

9.2.6 离子散射谱仪

真空仪器的一部分，它至少包括一个离子源，一个能量分析器和一个离子检波器。按照一次离子的不同能量，这样的光谱仪也叫 ISS 仪或 RBS 仪和 RISB 仪。

9.2.7 俄歇效应

原子或原子键中的电子，从较高能量的状态跃迁到较低能量的状态，由此释放的能量传递给另一个电子（俄歇电子）的一种弛豫过程。

9.2.8 俄歇电子谱术（AES）

根据发射的俄歇电子能来分析表面层的化学成分的一种化学

分析方法。采用这种方法，俄歇电子是由电子轰击激发的。

注：专有名称"俄歇电子谱术"只应用在本节中所阐述的方法。也有采用其他手段作为电子袭击的激发，采用别的方法固然也能激发出俄歇电子，对于这些方法只能用精确的激发机理加以说明。

9. 2. 9　俄歇电子能谱仪（AES 仪）

真空仪器的一部分，它至少包括电子源、一个能量分析器和一个电子监测器。

9. 2. 10　光电子谱术

用来测量由电磁辐射所释放出来的光电子和俄歇电子的一种表面层分析法。

9. 2. 10. 1　紫外光电子谱术（UPS）

通过单色紫外辐射产生激发的一种光电子谱术。

9. 2. 10. 2　X 射线光电子谱术（XPS）

由 X 射线辐射激发产生的光电子谱术。

9. 2. 11　光电子谱仪

真空仪器的一部分，它至少包含有一个光子源、一个能量分析器和一个电子监测器。

9. 2. 12　低能电子衍射（LEED）

对给定能量的电子被表面（一般为凝聚且有弹性）后向散射的一种表面结构分析法。由通过表面层的晶体组织衍射电子的方向和电子束密度来分析表面结构。

9. 2. 13　低能电子衍射仪（LEED 仪）

真空仪器的一部分，至少包括一个电子源和显示弹性散射电子的装置。在一次电子入射能量介于 20 ~ 300eV 时，显示装置必须适用于大立体角范围（几乎为 2π）的分析。

9. 2. 14　电子能损失谱术（ELS，也称 EELS）

用于研究表面本身及其吸附的电子结构和（或）几何结构的一种方法。采用此方法，电子以已知的脉冲受到表面的散射，于是从被散射电子的脉冲分布中获得有关吸附物 – 基底 – 系统的结合性质和排列的情况。

9.2.15　电子能损失光谱仪（ELS仪）

真空仪器的一部分，它至少包括一个带有规定脉冲电子的电子源，一个脉冲分析器和一个电子检测器，在源电流为约1mA时半宽值总约为10meV，角半宽值约1.5°的仪表可以说得上是高分辨的EL光谱仪。只有用高分辨能力光谱仪才能研究振动状态。

10　真空冶金

10.1　真空冶金

10.1.1　真空冶金

在真空制造、处理和继续加工聚合状态金属的理论、经验和方法的总和。

10.1.2　真空精炼

熔融金属或固体物料在真空下，以气相状态分离出不希望有的成分的一种处理法。

10.1.2.1　金属真空除气

将正常状态下气体的组分抽除的一种真空精炼。

10.1.2.2　金属真空蒸馏

制造和回收以有色金属为主的金属和合金的一种真空精炼。蒸馏时易挥发的成分在真空下被蒸发并凝结到冷凝器上。

10.1.2.3　化学反应真空精炼

不希望有的成分通过与添加物的化学反应，与要求成分得到分离的一种真空精炼。在化学反应时，添加物同待分离成分一起形成挥发性化合物。

10.1.2.4　真空氧化

通过加入氧化物或气态氧降低碳含量的一种化学反应真空精炼。

10.1.2.5　真空脱碳

通过在熔融金属中溶解的氧与其内的碳的反应，来减少碳的一种化学反应真空精炼。

10.1.2.6 真空脱氧

主要通过碳降低游离氧含量的一种化学反应的真空精炼。

10.1.3 熔融金属真空精炼工艺

熔融金属在真空下进行精炼的方法。也能同时进行或先后进行一些真空下其他加工过程，如炼制合金、扩散退火、金属渣反应。

10.1.3.1 真空钢包除气

把钢水包中的熔融金属经真空处理的一种真空精炼工艺。

10.1.3.2 真空钢包脱气法

液态金属从钢包以液滴状注入真空室进行除气的一种真空精炼工艺（也称为 BV 法）。

10.1.3.3 真空虹吸脱气法

真空精炼熔融金属（主要是在炼钢时）的一种方法。采用这种方法，蓄钢桶，例如浇注包中的熔融金属通过一根浸在其中的类似于气压计的管子吸升到真空室内。由于真空室中熔融金属液面上、下发生周期变化，于是引起蓄钢桶和真空室之间熔融金属的交流。因此，在每次吸升时，新注入真空室中的这部分熔融金属就进行除气（这种方法也称 DH 法）。

10.1.3.4 真空循环脱气法

真空精炼熔融金属的一种方法。采用这种方法时，在钢包上部有一真空室，它有两根管子浸入到钢包之中，当一浸管中有惰性气流动时，包内的熔融金属就流向真空室，于是便使金属产生循环作用（也称 RH 法）。

10.2 真空熔炼和真空浇注

10.2.1 电子束熔炼

通过电子轰击将能量供给炉料进行熔化的一种真空熔炼法。

10.2.2 真空感应熔炼

通过感应将能量供给炉料进行熔化的一种真空熔炼法。

10.2.3 真空电弧熔炼

通过电弧将能量供给炉料进行熔化的一种真空熔炼法。

10.2.4 真空等离子体熔炼

由等离子体将能量供给炉料进行熔化的一种真空熔炼法。

10.2.5 真空电阻熔炼

利用炉料本身电阻或特殊加热电阻将热能供给炉料进行熔化的一种真空熔炼法。

10.2.6 真空坩埚熔炼

炉料完全在坩埚中熔化,并通过其倾斜(倾翻式坩埚)或底孔(底部设有放液口的坩埚)浇注到铸型或锭模中的一种真空坩埚熔炼法。

10.2.7 真空凝壳熔炼

使冷却的坩埚内表面和熔融金属之间形成一层熔炼物料的凝结外壳,接着将壳层中的熔融金属浇注到铸型或锭模中的一种真空坩埚熔炼法。

10.2.8 底部真空浇注

真空中的一种底部放液法。它用来炼制特别精密的材料(例如用于核技术)。

10.2.9 真空精密浇注

在真空下将液态金属压入到截面小形状复杂的空腔中的一种真空精密铸造(首饰制造)。

10.2.10 真空压铸

一种压铸法。压铸时将上部封闭带有开孔的铸型被抽空并浸入到处于真空下的熔融金属中,接着将气体放入到熔炼室中,以作用于熔融金属表面的气体压力将熔融材料压入到铸型中。

10.2.11 真空锭模熔炼

在加热的锭模内使炉料熔化,从而铸出铸锭的一种真空熔炼。

10.2.12 真空悬浮熔炼

使炉料悬浮（例如通过在炉料中产生的高频涡流）并使之熔化的一种真空熔炼。

10.2.13 真空重熔

真空熔炼的一种。熔炼时炉料持续地熔化，以液态停留一段时间后，熔融金属获得一个凝固面，因此连续地产生出固态金属体。炉料一般都是预熔材料，经常把它作为熔化电极使用。

10.2.14 真空区域熔炼

棒状材料的熔炼区域按一个方向移动的一种真空熔炼。这种方法主要用于制取单晶和高纯材料。

10.2.15 真空拉单晶

在真空中拉单晶，通常是从过冷熔融金属中以固定的低速拉制出均匀的定向相同的晶体。

10.3 固体金属材料的真空处理和真空加工

10.3.1 电子束处理和电子束加工

用真空处理和真空加工的工艺方法。采用这些方法时，所必要的能量由电子束输送，这里，真空是获得电子束的必要条件。由于能把电子束能量迅速精确地调节并集中到工件中的限制区域，因此电子束处理和电子束加工特别适用于高精度要求的工艺中（例如精密焊接）。在某些工艺方法（例如切削和钻孔）中电子束可用来代替一种机械工具。

10.3.2 等离子体热处理

使铁制材料的工件经受气体放电的一种真空热处理。气体放电时，所选择气体的离子打到工件的表面并能渗入到表面层，于是表面层在化学成分上起了变化。

按照所使用气体的种类，这类热处理的例子有等离子渗氮、等离子碳氮共渗、等离子体渗碳。

10.3.3 离子蚀刻

用离子轰击除去表面层。由于各种材料溅射速率不同，这样由多种材料组成的表面层上便出现有选择性的损蚀，因此用这种方式便制得要求的外形表面。

10.3.4 真空蒸发

金属材料或金属化合物在真空下蒸发并在真空下制取金属中间产品或最终产品的方法，例如制取粉末、模制体和张臂式薄箔。

10.3.5 真空雾化

制取金属粉末的一种方法。它是把感应熔化的熔融金属通过喷嘴喷入真空室，由于其溶解的气体在低压下快速膨胀，使熔融金属雾化，进而制成金属粉末。

10.3.6 真空热处理

通过把材料或零件在真空状态下按工艺规程加热、冷却来达到预期性能的一种处理方法（如真空退火、回火、淬火等）。

10.3.7 真空钎焊

在真空状态下，把一组焊接件加热到填充金属熔点温度以上，但低于基体金属熔点温度，借助于填充金属对基体金属的湿润和流动形成焊缝的一种焊接工艺（钎焊温度因材料不同而异）。

10.3.8 真空烧结

在真空状态下，把金属粉末制品加热，使相邻金属粉末晶粒通过黏着和扩散作用而烧结成零件的一种方法。

10.3.9 真空加压烧结

把在真空状态下的粉末，通过加热和机械压力同时作用的一种烧结方法。

10.4 真空冶金设备和专用部件

10.4.1 真空冶金设备

由泵、元件、真空室和仪表组成，能在真空下实施一定过程或实验的工艺设备。

10.4.1.1 电子束焊接设备

借助于电子束实施焊接的一种真空冶金设备。实施焊接的工件可以处于高真空、中真空、低真空或特殊场合之中，也可以处于大气之中。

10.4.1.2 高真空电子束焊接设备

工件处于高真空中的一种电子束焊接设备。这种高真空室在结构上也可以成为一个可放在较大工件上面的真空室。

10.4.1.3 中（低）真空电子束焊接设备

工件处于中真空室和低真空室中的电子束焊接设备。由压力梯段维持电子束枪所需要的压差。在焊接技术中，这种设备直到今天还经常被称作高真空设备。常常将工作室做成凹模状，并有节奏地同电子枪作真空封密连接。

10.4.1.4 用于大气压下焊接的电子束焊接设备

工件处于大气压下的一种电子束焊接设备。通过压力梯段将高真空中的电子束与大气隔开。必要时采用保护气体对工件进行保护。

10.4.2 真空炉

炉室抽空的炉子。真空炉经常按使用目的或能量供给的方式表示，例如：真空熔炼炉、真空电弧炉。

10.4.2.1 真空热壁炉

热量通过炉壁传给工件的真空炉。

10.4.2.2 负压真空热壁炉

带有真空外壳的真空热壁炉。为减少热损失和降低对炉壁的压力，炉中包围真空室的炉壳被抽空。

10.4.2.3 真空冷壁炉

热量在真空室之内直接传给工件，在热源和炉壁之间设有隔热装置的一种真空炉。

10.4.2.4 真空连续式加热炉

炉料依次通过前后相连的加热和冷却区域的一种真空炉。加热和抽空是通过闸室系统或压力梯段实现的。

10.4.2.5 真空感应炉

由感应线圈连同坩埚组成的一种装置，它可以带有或不带安装在真空室中的倾翻装置。

10.4.3　电子枪

至少包含有一个电子源（阴极）的电子光学系统。加速阳极要么处于同一系统中（自加强），要么就是熔炼物料或工件（外加速）。

为了维持高真空，电子源常常通过压力梯段同处理室分开。在某些情况下，用偏转系统阻止离子渗入到电子枪中。

10.4.3.1　自加速电子枪

电子源和加速阳极组成同一系统的一种电子枪。

10.4.3.2　电子平面射束枪

线性阴极为伸展式或稍稍有点弧形的自加速电子枪。由线性阴极产生出扇形电子束。

10.4.3.3　电子束枪

电子源附近的电子束扩展相当小的一种自加速电子枪。通过电子光学方法能使管内电子束产生密集的聚焦。

10.4.3.4　外加速电子枪

由熔炼物料或工件构成的加速阳极的一种电子枪。

10.4.3.5　电子环射束近距离枪

阴极为环形的外加速电子枪。熔融物料处于电子束的中央。

10.4.3.6　压力梯段电子枪

在电子枪和工作室之间连续有一个或若干个压力梯段的电子枪。

10.4.4　自耗电极（熔化电极）

在真空熔炼时，同熔池一起形成电弧，在此工艺过程中它被熔化。

10.4.5　非自耗电极（非熔化电极）

由高熔点电导性材料组成，尽可能保持稳定的一种电极。一般情况熔池就是炉料。

参 考 文 献

[1] Proust M, Judong F, Gilet J M, et al. CVD and PVD copper integration for dual dama-scene metallization in a 0. 18μm process[J]. Microelectronic Engineering, 2005, 55: 269~275.

[2] Bunshah R F, Ranghuram A C. Activated reactive evaporation progress for high rate deposition of compounds[J]. J. Vac. Sci. Technol. , 1972, 9: 1385~1388.

[3] Morley J R, Smith H R. High rate ion production for vacuum deposition[J]. J. Vac. Sci. Technol. , 1972, 9: 1377~1378.

[4] Mulayama Y, Mashimoto K. Equipment of radio frequency ion plating[J]. Applied Physics, 1974, 42: 687~691.

[5] 汪泓宏, 田民波. 离子束表面强化技术[M]. 北京: 机械工业出版社, 1991.

[6] 陈宝清, 朱英臣, 王斐杰, 等. 磁控溅射离子镀技术和铝镀膜的组织形貌、相组成及新相形成物理冶金过程的研究[J]. 热加工工艺, 1984(5): 42~49.

[7] 张祥生. 离子镀膜——一种全新的镀膜技术[J]. 真空技术, 1979(1): 54~67.

[8] 王祥春. 国外中空热阴极放电离子镀技术现状[J]. 材料保护, 1982(3): 26~36.

[9] Randhawa H, Johnson P C. Technical note: A review of cathodic arc plasma deposition processes and their applications[J]. Surf. Coat. Technol. , 1987, 31(4): 303~318.

[10] Randhawa H. Cathodic arc plasma deposition technology[J]. Thin solid films, 1988, 167(1-2): 175~186.

[11] Holleck H. Material selection for hard coatings[J]. J. Vac. Sci. Technol. , 1986, 4(6): 2661~2669.

[12] Diserens M, Patscheider J, Levy F. Mechanical properties and oxidation resistance of N and nanocomposite TiN – SiN$_x$ physical – vapor – deposited thin films[J]. Surf. Coat. Technol. , 1999, 120-121: 158~165.

[13] Sproul W D. Turning tests of high rate reactively sputter – coated T – 15 HSS inserts [J]. Surf. Coat. Technol. , 1987, 3(133): 1~4.

[14] Lai F D, Wu J K. Structure, hardness and adhesion properties of CrN films deposited on nitrided and nitrocarburized SKD 61 tool steels[J]. Surf. Coat. Technol. , 1997, 88(1-3): 183~189.

[15] Budke E, Krempel – Hesse J, Maidhof H, et al. Decorative hard coatings with improved corrosion resistance[J]. Surf. Coat. Technol. , 1999, 112: 108~113.

[16] Igarashi Y, Yamaji T, Nishikawa S. A new mechanism of failure in silicon p + /n junc-tion induced by diffusion barrier metals[J]. J. Appl. Phys. , 1990, 29: 2337~2342.

[17] 张钧, 赵彦辉. 多弧离子镀技术与应用[M]. 北京: 冶金工业出版社, 2007.

[18] Yamamoto K, Sato T, Takahara K, et al. Properties of (Ti, Cr, Al) N coatings with high Al content deposited by new plasma enhanced arc – cathode[J]. Surf. Coat. Technol. , 2003, 174 – 175: 620 ~ 626.

[19] Ichijo K, Hasegawa H, Suzuki T, et al. Microstructures of (Ti, Cr, Al, Si) N films synthesized by cathodic arc method[J]. Surf. Coat. Technol. , 2007, 201(9 – 11): 5477 ~ 5480.

[20] Luo Q, Rainforth W M, Münz W – D. Wear mechanisms of monolithic and multi – component nitride coatings grown by combined arc etching and unbalanced magnetron sputtering[J]. Surf. Coat. Technol. , 2001, 146 – 147: 430 ~ 435.

[21] Yang S, Li X, Teer D G. Properties and performance of CrTiAlN multilayer hard coat- ings deposited using magnetron sputter ion plating[J]. Surf. Coat. Technol. , 2002, 18: 391 ~ 396.

[22] Baibich M N, Broto J N, Fert A, et al. Giant magnetoresistance of (001) Fe/(001) Cr magnetic superlattices[J]. Phys. Rev. Lett. , 1988, 61(21): 2472 ~ 2474.

[23] Bull S J, Jones A M. Multilayer coatings for improved performance[J]. Surf. Coat. Technol. , 1996, 78: 173 ~ 184.

[24] 赵时璐, 李友, 张钧, 等. 刀具氮化物涂层的研究进展[J]. 金属热处理, 2008, 33(9): 99 ~ 104.

[25] Dark M J, Leyland A, Mattews A. Corrosion performance of layered coatings produced by physical vapour deposition[J]. Surf. Coat. Technol. , 1990, 43 – 44 (1 – 3): 481 ~ 492.

[26] Sathrum P, Coll B F. Plasma and deposition enhancement by modified arc evaporation source[J]. Surf. Coat. Technol. , 1992, 50(2): 103 ~ 109.

[27] Vetter J. Vacuum arc coatings for tools: potential and application[J]. Surf. Coat. Technol. , 1995, 76 – 77: 719 ~ 724.

[28] 童洪辉. 物理气相沉积硬质涂层技术进展[J]. 金属热处理, 2008, 33(1): 91 ~ 93.

[29] 钱苗根, 姚寿山, 张少宗. 现代表面技术[M]. 北京: 机械工业出版社, 2002.

[30] 徐滨士, 刘世参. 表面工程[M]. 北京: 机械工业出版社, 2000.

[31] 赵文轸. 金属材料表面新技术[M]. 西安: 西安交通大学出版社, 1992.

[32] 田民波, 刘德令. 薄膜科学与技术手册[M]. 北京: 机械工业出版社, 1991.

[33] Zhao Shilu, Zhang Jun, Liu Changsheng. Oxidation behavior of TiAlZrCr/(Ti, Al, Zr, Cr) N gradient films deposited by multi – arc ion plating[J]. Acta Metall. Sin. (Engl. Lett.), 2010, 23(6): 473 ~ 480.

[34] Paul A. Lindfors, William M. Mularie. Cathodic arc deposition technology[J]. Surf. Coat. Technol. , 1986, 29(4): 275 ~ 290.

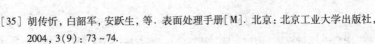
[35] 胡传忻, 白韶军, 安跃生, 等. 表面处理手册[M]. 北京: 北京工业大学出版社, 2004, 3(9): 73~74.

[36] Donohue L A, Münz W – D, Lewis D B, et al. Large – scale fabrication of hard super-lattice thin films by combined steered arc evaporation and unbalanced magnetron sputtering[J]. Surf. Coat. Technol., 1997, 93(1): 69~87.

[37] Knotek O, Loeffler F, Kraemer G. Process and advantages of multicomponent and multiplayer PVD coatings[J]. Surf. Coat. Technol., 1993, 59(1–3): 14~20.

[38] Minevich A A. Wear of cemented carbide cutting inserts with multiplayer Ti – based PVD coatings[J]. Surf. Coat. Technol., 1992, 53 (2): 161~170.

[39] Madan A, Yashar P, Shinn M, et al. X – ray diffraction study of epitaxial TiN/NbN supperlattices[J]. Thin Solid Films, 1997, 302(1–2): 147~154.

[40] Prengel H G, Santhanam A T, Penich R M, et al. Advanced PVD – TiAlN coatings on carbide and cermet cutting tools[J]. Surf. Coat. Technol., 1997, 94–95: 597~602.

[41] Bernus F V, Freller H, Günther K G. Vapour – deposited films and industrial applications[J]. Thin Solid Films, 1978, 50: 39~48.

[42] Johnson P C, Randhawa H. Zirconium nitride films prepared by cathodic arc plasma deposition process[J]. Surf. Coat. Technol., 1987, 33: 53~62.

[43] Lembke M I, Lewis D B, Münz W – D. Localised oxidation defects in TiAlN/ CrN superlattice structured hard coatings grown by cathodic arc/unbalanced magnetron deposition on various substrate materials[J]. Surf. Coat. Technol., 2000, 125: 263~268.

[44] Lugscheider E, Knotek O, Barimani C, et al. PVD hard coated reamers in lubricant – free cutting[J]. Surf. Coat. Technol., 1999, 112: 146~151.

[45] Li Z Y, Zhu W B, Zhang Y, et al. Effects of superimposed pulse bias on TiN coating in cathodic arc deposition[J]. Surf. Coat. Technol., 2000, 131(1–3): 158~161.

[46] Boxman R L, Zhitomirsky V N, Grimberg I, et al. Structure and hardness of vacuum arc deposited multi – component nitride coatings of Ti, Zr and Nb[J]. Surf. Coat. Technol., 2000, 125(1–3): 257~262.

[47] Donohue L A, Cawley J, Brooks J S, et al. Deposition and characterization of TiAlZrN films produced by a combined steered arc and unbalanced magnetron sputtering technique[J]. Surf. Coat. Technol., 1995, 74–75(part1): 123~134.

[48] Lafferty J. 真空电弧理论和应用[M]. 北京: 机械工业出版社, 1985.

[49] 白力静, 肖继明, 蒋百灵, 等. 磁控溅射 CrTiAlN 涂层钻头的制备及其钻削性能研究[J]. 表面技术, 2005, 34(4): 21~29.

[50] Donohue L A, Cawley J, Brooks J S. Deposition and characterisation of arc – bond sputter Ti$_x$Zr$_y$N coatings from pure metallic and segmented targets[J]. Surf. Coat. Technol., 1995, 72(1–2): 128~138.

[51] Korhonen A S, Molarius J M, Penttinen I, et al. Hard transition metal nitride films deposited by triode ion plating[J]. Mater. Sci. and Eng. , 1988, A105 – 106 (part2): 497 ~ 501.

[52] Joshua Pelleg, Zevin L Z, Lungo S, et al. Reactive – sputter – deposited TiN films on glass substrates[J]. Thin Solid Films, 1991, 197(1 – 2): 117 ~ 128.

[53] Mattox D M. Particle bombardment effects on thin – film deposition: A review[J]. J. Vac. Sci. Technol. , 1989, A7(3): 1105 ~ 1114.

[54] 赵时璐, 张钧, 刘常升. 硬质合金表面多弧离子镀(Ti, Al, Zr, Cr) N 多元氮化物膜[J]. 金属热处理, 2009, 33(9): 99 ~ 104.

[55] Rudigier H, Bergmann E, Vogel J. Properties of ion – plated TiN coatings grown at low temperatures[J]. Surf. Coat. Technol. , 1988, 36(1 – 2): 675 ~ 682.

[56] Johnsen O A, Dontje J H, Zenner R L D. Reactive arc vapor ion deposition of TiN, ZrN and HfN[J]. Thin Solid Films, 1987, 153: 75 ~ 82.

[57] Leoni M, Scardi P, Rossi S, et al. (Ti, Cr) N and Ti/TiN PVD coatings on 304 stainless steel substrates: Texture and residual stress[J]. Thin Solid Films, 1999, 345: 263 ~ 269.

[58] Zhao J P, Chen Z Y, Wang X, et al. The influence of ion energy on the structure of TiN films during filtered arc deposition[J]. Nuclear Instrument and Method in Physics Research, 1998, B135: 388 ~ 391.

[59] 赵时璐, 张钧, 刘常升. 多弧离子镀(Ti, Al, Zr, Cr) N 多元膜的高温氧化行为[J]. 中国腐蚀与防护学报, 2009, 29(4): 296 ~ 300.

[60] 史新伟, 李杏瑞, 邱万起, 等. 磁过滤电弧离子镀 TiN 薄膜的制备及其强化机理研究[J]. 真空科学与技术学报, 2008, 28(5): 486 ~ 491.

[61] 张琦, 陶涛, 齐峰, 等. 非平衡磁控溅射氮化钛薄膜及其性能研究[J]. 真空科学与技术学报, 2007, 27(2): 361 ~ 365.

[62] 王齐伟, 左秀荣, 黄晓辉, 等. 直流磁控溅射在铝衬底上沉积($Ti_x Al_y$) N 薄膜及其性能研究[J]. 真空科学与技术学报, 2008, 28(4): 351 ~ 354.

[63] Shum P W, Li K Y, Zhou Z F, et al. Structural and mechanical properties of titanium – aluminium – nitride films deposited by reactive close – field unbalanced magnetron sputtering[J]. Surf. Coat. Technol. , 2004, 185(2 – 3): 245 ~ 253.

[64] Feng H, Guo H W, Barnard J A, et al. Microstructure and stress development in magnetron sputtered TiAlCr(N) films[J]. Surf. Coat. Technol. , 2001, 146 – 147: 391 ~ 397.

[65] 赵时璐, 张震. Ti – Al – Zr 靶材的多弧离子镀沉积过程的模拟研究[J]. 机械设计与制造, 2007(5): 137 ~ 139.

[66] 顾培夫. 薄膜技术[M]. 杭州: 浙江大学出版社, 1990.

[67] Hasegawa H, Yamamoto T, Suzuki T, et al. The effects of deposition temperature and post – annealing on the crystal structure and mechanical property of TiCrAlN films with

high Al contents[J]. Surf. Coat. Technol. , 2006, 200(9): 2864~2869.

[68] 郑伟涛. 薄膜材料与薄膜技术[M]. 北京:化学工业出版社, 2003.

[69] 胡传忻, 白韶军, 安跃生, 等. 表面处理手册[M]. 北京: 北京工业大学出版社, 2004.

[70] 拉弗蒂 J M. 真空电弧理论与应用[M]. 北京: 机械工业出版社,1985.

[71] Pulker H K. Modern Optical Coating Technologies for Low–loss Dielectric Films. Proc. [J]. SPIE, 1988, 952: 788~794.

[72] Guenther K H. Recent Progress in Optical Coating Technology: Low Voltage Ion Plating Deposition. Proc[J]. SPIE, 1990, 1270: 211~217.

[73] 李争显, 张树林, 袁哲, 等. 多弧离子镀中真空等离子体静电探针诊断方法的研究[J]. 真空, 1994(4): 25~29.

[74] 谢元华. 多弧离子镀镀膜过程中几个参数的研究[D]. 沈阳: 东北大学, 2004: 16~20.

[75] Zhitomirsky V N, Grimberg I, Rapoport L, et al. Structure and mechanical properties of vacuum–arc–deposited NbN coatings[J]. Thin Solid Films, 1998, 326: 134~142.

[76] Chang Yinyu, Yang Shunjan, Wang Dayung. Structural and mechanical properties of Al-TiN/CrN coatings synthesized by a cathodic–arc deposition process[J]. Surf. Coat. Technol. , 2006, 201(7): 4209~4214.

[77] Veprek S. Conventional and new approaches towards the design of novel superhard materials[J]. Surf. Coat. Technol. , 1997, 97: 15~22.

[78] Zhang J, Li L, Zhang L P, Zhao S L, et al. Composition demixing effect on cathodic arc ion plating[J]. J. Univ. Sci. Technol. Beijing: Eng. Ed. , 2006, 13(2): 125~130.

[79] 张钧. 多弧离子镀中的离化现象和离化率[J]. 沈阳工业高等专科学校学报. 1995, 13(1): 55~59.

[80] 李阳平. 射频磁控溅射沉积薄膜的计算机模拟[D]. 西安:西北工业大学硕士学位论文,2003: 32~41.

[81] Liu B C, Shen H F, Li W Z. Progress in numerical simulation of solidifications process shaped casting[J]. Mater Sci Techn,1995, 11:313~319.

[82] 李洪, 钱昌吉, 高国良. 薄膜生长的计算机模拟[J]. 温州大学学报, 2004, 17(4): 54~57.

[83] 李阳平, 刘正堂. 薄膜生长的计算机模拟[J]. 功能材料与器件学报, 2002, 8(3): 298~313.

[84] 姚寿山, 李戈扬, 胡文杉. 表面科学与技术[M]. 北京:机械工业出版社, 2005.

[85] 张毅. 铸凝固数值模拟及铸造工艺 CAD 现代进展[J]. 铸造, 1987, 6: 8~12.

[86] 陈义华. 数学模型[M]. 重庆: 重庆大学出版社, 1995.

[87] Anand J, Paul, Oliver J, et al. Navy Program Advances Casting Technology[J]. Modern

Casting, 1992(3): 26~28.

[88] 房贵如. 材料热加工工艺模拟的研究现状及技术发展趋势[J]. 中国机械工程, 1998, 9(11): 71~72.

[89] 肖亚航, 雷改丽, 傅敏士. 材料成形计算机模拟的研究现状及展望[J]. 材料导报, 2005, 19(6): 13~16.

[90] 牛济泰. 材料和热加工领域的物理模拟技术[M]. 北京: 国防工业出版社, 1999.

[91] 李晓萍, 杨杰, 施强, 等. 薄膜斜生长的微观模型[J]. 全国薄膜学术讨论会论文集, 1991: 325~329.

[92] 张钧, 张以朋, 高智平. 阴极电弧离子镀沉积过程的计算机模拟研究[J]. 沈阳大学学报, 2004, 16(6): 32~35.

[93] 王敬义. 气相淀积统一模型探讨[J]. 全国薄膜学术讨论会论文集. 1991: 338~339.

[94] 欧宜贵, 李志林, 洪世煌. 计算机模拟在数学建模中的应用[J]. 海南大学学报自然科学版, 2004, 1(22): 89~95.

[95] 刘玉红, 李付国, 吴诗. 体积成形数值模拟技术的研究现状及发展趋势[J]. 航空学报, 2001, 23(6): 547~551.

[96] 冯端. 金属物理学[M]. 北京: 科学出版社, 1998.

[97] 谭浩强. C程序设计[M]. 北京: 清华大学出版社, 1991.

[98] 钱能. C++程序设计教程[M]. 北京: 清华大学出版社, 1999.

[99] 黄维通. Visual C++面向对象与可视化程序设计[M]. 北京: 清华大学出版社, 2000.

[100] 朱晴亭, 黄海鹰, 陈莲君. Visual C++程序设计——基础与实例分析[M]. 北京: 清华大学出版社, 2004.

[101] 蔡长龙, 朱昌. 脉冲多弧离子源所镀膜层均匀性的实验研究[J]. 西安工业学院学报, 1998(4): 270~274.

[102] 张钧. 多弧离子镀合金涂层成分分离析效应的物理机制研究[J]. 真空科学与技术. 1996, 16(3): 174~178.

[103] Zhao Shilu, Zhang Jun, Liu Changsheng. Investigation of TiAlZrCr/(Ti, Al, Zr, Cr) N gradient films deposited by multi – arc ion plating[J]. Vacuum Technology and Surface Engineering. Proceedings of the 9th Vacuum Metallurgy and Surface Engineering Conference, 2009: 83~88.

[104] Zhang J, Zhang Y, Li L, et al. Approximate design of alloy composition of cathode target[J]. J. Mater. Sci. Technol., 2006, 22(5): 639~642.

冶金工业出版社部分图书推荐

书 名	作 者	定价(元)
基于新竞争力视角的企业规模经济性研究	刘 明 等著	20.00
中学英汉—汉英双向分科词典	王治江 主编	29.00
计算几何若干方法及其在空间数据挖掘中的应用	樊广佺 著	25.00
生产者责任延伸制度下企业环境成本控制	刘丽敏 著	25.00
现代有色金属冶金科学技术丛书——镓冶金	翟秀静 等编著	45.00
德国固体废弃物处置技术	赫英臣 等编著	65.00
室内声场脉冲响应的测量	杨春花 著	25.00
典型排土场边坡稳定性控制技术	孙世国 等著	62.00
旅游地质系列丛书 旅游地质景观空间信息与可视化	庞淑英 等著	25.00
旅游地质系列丛书 旅游地质景观类型与区划	李 波 等著	22.00
旅游地质系列丛书 旅游地生态地质环境	范 弢 等著	25.00
创业投资引导基金的理论与实践	李吉栋 著	25.00
河北环渤海经济区科学发展探索	张大维 等著	39.00
论数学真理	李浙生 著	25.00
有色金属冶金科学技术丛书——碱介质湿法冶金技术	赵由才 等编著	38.00